城镇园林绿地设计丛书

JIGUANDNWEI YUANLIN

LüDI SHEJI

机关单位园林绿地设计

梁永基 王莲清 主编

蒋桂香 李珂 孟瑾 王和祥 陈涛 编著

中国林业出版社

1　单位内与街景绿地融为一体

2　优美、清新的机关单位环境

3　某机关内的垂直绿化效果

4　夏季漫步其中凉爽舒适

5　国家林业局良好的绿化氛围

6　园林绿地结合生产

7　安静协调的办公环境

10　装饰性绿地

8　植物景观(1)

9　植物景观(2)

20　规则式绿地

21　植物群落

23　空间疏密对比

22　主景要体现机关单位特点

42　地面铺装形式(3)

43　鸟瞰图

41　地面铺装形式(2)

44　天津市环境保护局内的垂直绿化效果

45　带状绿地内的植物种植

46　地形起伏下的小环境

47　嵌草路面的使用

48　色彩组合

49　部队机关道路绿化

50　充满朝气的部队机关

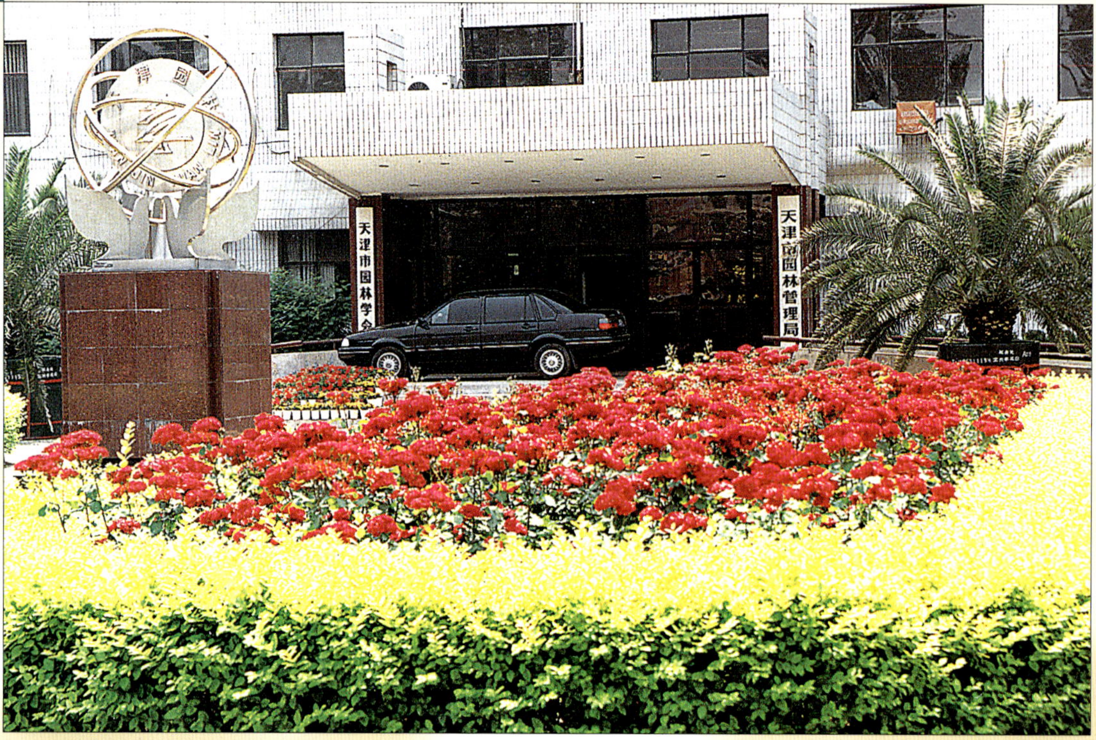

51　天津市园林管理局内部绿地

52　圃地周围绿地

53　优美的机关单位绿地景观(1)

54　优美的机关单位绿地景观(2)

56　优美的机关单位绿地景观(4)

55　优美的机关单位绿地景观(3)

58　优美的机关单位绿地景观(6)

57　优美的机关单位绿地景观(5)

59　优美的机关单位绿地景观(7)

60　优美的机关单位绿地景观(8)

城镇园林绿地设计丛书

机关单位园林绿地设计

梁永基　王莲清　主编

蒋桂香　李　珂　孟　瑾　王和祥　陈　涛　编著

中国林业出版社

图书在版编目(CIP)数据

机关单位园林绿地设计/蒋桂香等编著. - 北京:中国林业出版社,2001.12
(城镇园林绿地设计丛书/梁永基,王莲清主编)
ISBN 7-5038-2944-3

Ⅰ.机… Ⅱ.蒋… Ⅲ.国家行政机关-绿化规划 Ⅳ.TU985.12

中国版本图书馆 CIP 数据核字(2001)第 090128 号

出版 中国林业出版社(100009 北京市西城区刘海胡同 7 号)
E-mail:cfphz@public.bta.net.cn 电话:66184477
发行 新华书店北京发行所
印刷 北京地质印刷厂
版次 2002 年 1 月第 1 版
印次 2003 年 2 月第 2 次
开本 787mm×960mm 1/16
印张 8 **彩插** 16 面
字数 127 千字
印数 5001~10000 册
定价 24.00 元

《城镇园林绿地设计丛书》

编 委 会

前　言

进入20世纪90年代以来，我国城市绿化建设出现了蓬勃发展的大好局面，园林化城市、花园式单位、花园式工厂、花园式居住区等越来越多。表现我国城市迈向现代文明，创造清洁、卫生、优美、生态健全和舒适的生活与工作环境步伐在大步前进，取得了举世瞩目的喜人成果，积累了丰富的生产实践经验，值得吸取总结，提高到理论高度来认识，以便今后更好地指导实践。另外，也存在某些美中不足，由于园林绿地设计专业队伍相对薄弱，有不少园林绿地设计工作尤其是在中小城镇是由其他行业人员兼职，因而影响了园林绿地建设的质量，未能充分发挥园林绿地建设的综合效益，也有的造成事倍功半、达不到预期目的的憾事。林业出版社有鉴于此，为促进和帮助从事园林绿地设计、园林工作者、城市建设规划设计人员以及园林爱好者掌握园林绿地设计的基本知识、技能和方法，于1998年春决定组织一批富有经验和学术造诣深的专家分头撰写《园林绿地设计丛书》。成立了编委会开展工作，落实编写计划。经过近两年的努力，《园林绿地设计丛书》已与读者见面，这无疑将为园林绿化建设事业和专业书库献上朵朵奇葩!

《园林绿地设计丛书》中每一本均相对独立成册，主要内容包括了某一类型的园林绿地特色与建设发展概述、设计原理、设计步骤与方法，以及实例分析。为便于有志于园林绿地设计工作的工程技术人员学习掌握。作者在撰写过程中都注意实用性，选择典型例子具体引路，做到图文并茂，剖析深入浅出，易懂易学。尤其是作者根据多年实践经验，举出实例进行讲评，既分析了成功之处，又指出其中不足，娓娓道来理论联系实际，更能使读者感到开卷有益，茅塞顿开。相信会有助于提高园林绿地设计的工作水平。

因园林绿地是属于综合性较强的专业技术工作，读者在了解掌握园林绿地设计的基础上，还需要不断地扩大有关园林植物、生态、环境保护、城市规划、建筑工程、艺术审美、旅游和社会行为心理学等方面的知识。以便能从实际出发，因地制宜地设计出符合科学、美观、适用、经济的优秀设计方案，造福城乡广大人民，为我国社会主义精神文明和物质文明建设增光添彩。

为了编写好每一本书，作者无不努力尽心尽力著述，还参考了大量国内外有关论著与文献资料，以使每本书更完善。但由于我国近年来各地不断有优秀的园林绿地设计佳作出现，一本小册子也是难以概全。不足之处欢迎广大同行与读者提出批评与赐教，以供今后改进。在此谨表衷心感谢!

梁永基

2000 年 2 月

目 录

1 机关单位园林绿地概述

随着我国经济的高速发展，人们深刻地认识到城市的急剧发展对整个城市生态环境带来的负面影响，已成为城市进一步发展和人民生活质量进一步提高的潜在的制约因素。“人类渴望自然，城市呼唤自然”深刻地揭示了现代社会人们的普遍愿望。

绿化环境是人类实现自我完善的载体，是提高人民生活质量的保证，而机关单位绿化是城市普遍绿化的基础之一，对改善整个城市面貌起着举足轻重的作用。因而，在对其进行绿地设计时，应根据实际情况，巧妙地局部打开围墙，使之融于整个城市环境之中(彩图 1)。同时强调环境效益、文化效益和经济效益相协调，强调现实性与超前性相结合，地方性与特色性相结合的原则。

由于全国每个城市所处的地理位置不同，土壤性质与结构、气候条件也各有不同，有的甚至差异很大，周边的自然植被分布更是千差万别，其本身就明显地反映出各自不同的自然特色。因此，提倡应用生态风景园林艺术手法来建设机关单位庭院，讲究尽力抒发地区特色和艺术个性，使生态环境美融合自然美、艺术美和社会美，使机关单位成为生机勃勃的完美的整体(彩图 53、彩图 54、彩图 55、彩图 56、彩图 57、彩图 58、彩图 59、彩图 60)。

21 世纪是一个呼唤精神文明的世纪，创造抒发高情操的场所已成为时代的呼唤，这要求园林设计师切实贯彻“以人为本”的设计原则，把关心人、满足人的需要落实到具体的规划设计中，满足人们对绿化环境的生理、心理需求，创造舒适、优美的绿地空间与场所。正如我国城市规划界草拟的《21世纪城市规划师宣言》中提出的21世纪城市规划三大纲领，就是要解决3个“和谐”的问题，即“人与自然的和谐”、“时间延续性的和谐”以及“人与人的社会和谐”。这除了具有实用功能外，也具有更深层的艺术功能，即通过对园林美的欣赏来陶冶情操而获得有高尚情趣的精神享受。随着现代社会的文明与进步，人们的审美领域越来越拓宽了，人们不仅在艺术欣赏中摄取美的内涵，而且在日常生活和工作中追逐着美的脚步，创造美的世界。机关单位园林绿地建设正符合了这种社会生活、社会生产的发展趋势，为人们创造美的环境提供了舞台。良好的绿化环境不仅反映出机关单位的精神面貌，而且将给城市景观带来清新、别具一格的文化艺术氛围(彩图2)。

2

机关单位园林绿地的意义和作用

(一)机关单位园林绿地的意义

机关单位园林绿化是城市绿化的基础细胞，园林绿化水平的好坏，不仅反映了一个城市的整体水平和环境质量，而且反映了一个单位的文明程度、文化品位和精神面貌，同时单位绿地又是提高城市绿地覆盖率的一条重要途径。因而把机关单位绿化纳入城市绿地系统组成部分，需在“小”字上做大文章，在“美”字上下功夫，突出体现其特色及个性化。

首先要逐步实施“拆墙透绿”工程。拆除沿街围墙或设计出透花围墙，把机关单位绿化引向街道，把街景引入机关单位，使其互为环境，互为补充。

其次，在新建或改建的机关单位，从规划上进行控制，尽可能扩大绿地面积，进一步实施绿化美化。

其三，大力发展垂直绿化，立体绿化。使一些绿地面积较少的机关单位在有限的绿地空间内获得较大的绿化效益，以增加单位绿量(彩图 3)。

机关单位园林绿化，必须在政府领导下，广泛发动群众，调动单位、团体及职工的积极性，进而改善工作和生活环境，提高城市绿化整体水平，也是实施可持续发展战略行之有效的好办法。同时还应建立一个合理的价值体系，以经济学为指导，综合机关单位园林绿地对社会、对环境产生的直接经济效益和间接经济效益，将园林的生态价值、环境保护价值、保健休养价值、文化娱乐价值、美学价值等纳入整个社会经济大系统中去。

为搞好机关单位园林绿地建设，除应具备较为完善的规划设计外，还应做到：

1. 领导重视，亲自去抓

领导重视是建设机关单位园林绿化成功的关键。单位领导应把抓绿化工作列入重要的议事日程，作为精神文明建设的一项重要工作去抓。

2. 合理规划、分期实施

机关单位园林绿化、美化建设是一项长期的基本建设。因此，科学地搞好绿地规划设计是绿化成功的先决条件。大部分机关结合本单位的特点，既做好长期的绿地规划，又确定近期的奋斗目标，逐年按规划，按经济能力，先重点部位、后一般部位，先易后难，先绿化、后美化，先平面、后立体，循序渐近，逐年提高，有条不紊地开展单位庭院绿地建设活动。

3. 筹措资金，加大投入

稳定的资金投入是机关单位绿化的根本保证。各单位应从实际出发，保证绿化资金的到位并合理应用，不可挪用。对单位资金条件有限的除需投入一定的资金外，还需发动广大群众，自力更生地搞绿地建设。

4. 建立制度，加强养管

“三分建、七分管”。在绿地建设完成后需要进行经常性的养护管理，才能巩固绿化的成果。加强养护管理，需要建立健全规章制度，落实管理任务到科室班组，定期检查评比。同时还应调动全体职工干部的积极性，自觉爱护、维护绿化成果。

（二）机关单位园林绿地的作用

前面我们已经提到，机关单位庭院园林绿地建设是城市普遍绿化的基础之一，对保护整个城市的环境，改善城市面貌起着举足轻重的作用，同时也是提高城市绿化覆盖率的一个重要途径。因此，它除具有其他绿地所共有的功能外，还具有特殊作用。

1. 环境效益

在城市中，特别是在长期工作、生活在楼群林立、交通拥挤、噪声干扰、空气质量下降的人群来说，更需要一个优美、宁静、鸟语花香、自然清新的良好环境。在城市中，园林绿地是惟一的自然成分，所谓城市与绿地协调，首先要实现合理的绿地率与绿地分布，大力提倡植树、栽花、种草，以人工的方法形成植物群落，恢复自然环境，保护生态平衡，使之减少并缓冲由于大规模的营造、生产过程中所排放的有毒物质对环境的破坏。绿化植树对氧气、二氧化碳的平衡，吸收有毒气体、减弱噪声、调节小气候等方面都有良好的作用。对于机关单位内部而言，由于大面积绿化，其小环境下的空气质量大大改善，夏季的温度调节作用更为明显。如天津市园林绿化科学研究所，由于单位领导非常重视，加之科研工作的需要，拥有近 70% 的绿地，夏季降温效果相当明显，当人们经过两边布满绿地的道路时，明显地感到舒适、凉爽(彩图 4)。

2. 精神文明享受

在建设高度物质文明的同时，一定要努力建设高度的社会主义精神文明，这是建设社会主义的战略方针，机关单位绿化更是代表一个国家、一个政府机构、一个特定办事部门的精神面貌。良好的园林绿地环境不仅使职工在办公之余得到一种身体上的放松、精神上的享受，而且也给来此办公的客人留下美好的印象。也可以说机关单位庭院园林绿化的好坏直接反映了国家、政府部门的管理水平及文明程度，对提高机关单位的知名度起到了推动作用(彩图 5)。

由于机关单位围墙的透漏，使其内部绿化与街道公共绿地联成一片，扩大了绿化视野，大大增加了视觉空间效果，从而达到人与自然和谐共存。

3. 经济效益的增长

机关单位园林绿化在改善环境质量、满足人们精神上享受的同时，也获得了直接或间接的经济价值。机关单位绿地可以结合生产，特别是农、林业科研院所更可以发挥其独特的优势，培育具有较高经济价值的植物，为社会创造财富。如天津市园林绿化科学研究所绿地内进行的树木引种驯化，草坪品种培育等都为单位创造了直接的经济效益，同时也为天津市的城市绿化水平的提高做出了贡献。良好的环境所带给人们的好心情自然会影响到工作中，人们充满信心的工作无形之中提高了工作效率和质量，办事效率的提高为来访者留下极佳的印象，对以后业务上的往来、生意的洽谈、彼此之间的合作等提供了广阔的前景，这些可以说是园林绿地给机关单位带来的潜在的、间接的经济效益(彩图 6、彩图 7)。

3

机关单位绿地的特点及分类

机关单位绿地是指机关、团体、部队、事业单位管界内的环境绿地。它隶属于专用绿地范畴，是专属于某一机关单位，不对外开放，其投资建设由本单位完成。因此，机关单位绿地设计应当从实际出发，根据机关环境需要，合理安排相匹配的机关单位绿地的用地面积，量力而行。同时机关单位应根据自己的特点，利用原有的地质地貌、水体、植被和历史文化遗产等自然、人文条件，合理设置绿地，并注意对古树名木的保护，严禁任意砍伐和迁移古树名木，充分借鉴国内外先进经验，体现民族风格和地方特色，以植物造景为主，选用适当的自然条件和树木花草，并适当配置泉、石、雕塑等景物，所形成的机关单位绿地应当是庄重、恬静、优美(彩图 8、彩图 9)。

由于机关单位的绿地面积的大小不是绝对的按机关级别的大小而分配的。因此，对于机关单位的绿地分类主要依可绿化面积的大小及机关单位的特点而定。

(一) 一般机关单位绿地

一般机关单位绿地重点为入口处和办公楼前，可绿化面积一般在 5 000m^2 以下，在主绿地的设计中应注意把绿地的实用性与装饰性结合起来(彩图 10)，既可采取封闭型绿地布置，也可结合休息设施设计成开放式绿地形式(彩图 11)。在封闭型绿地中，绿地本身可以是等高的，也可以处理成微地形起伏，增加一些变化(图 3-1)。在开放式绿地中

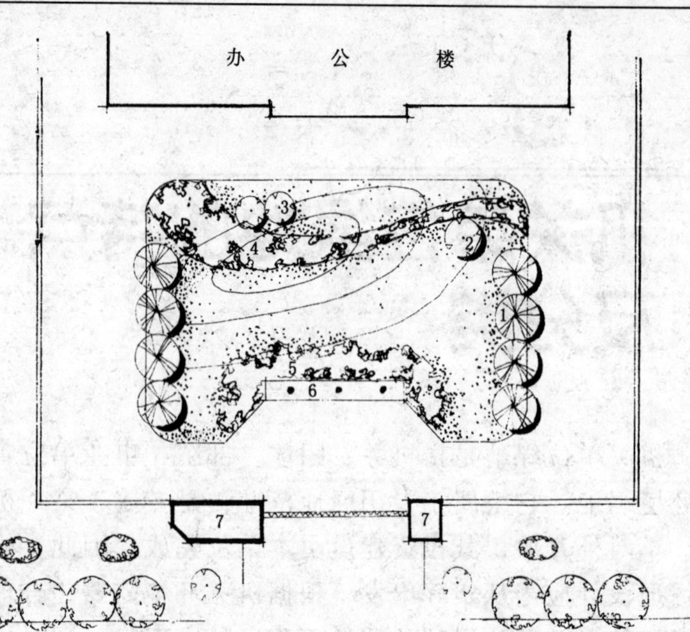

图 3-1 封闭型绿地

1. 合欢 2. 紫叶李

3. 黄刺玫 4. 金叶女贞

5. 宿根花卉 6. 旗杆台

7. 传达室

的休息设施要少而精，绿地以不对称的规则式为主，如有标高变化，可采用错台形式，结合花池、栏杆、坐凳等使台阶变化错落有致(图 3-2)。

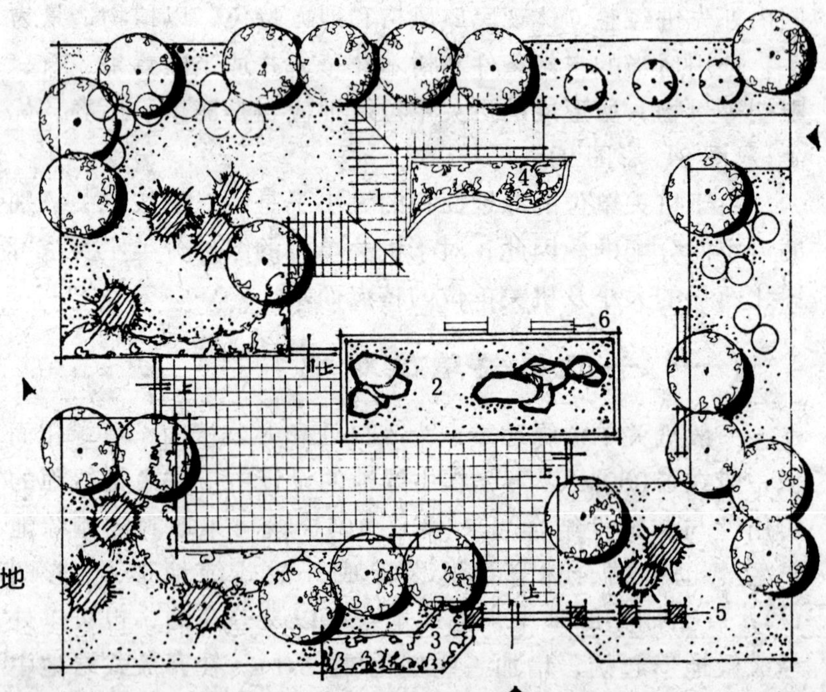

图 3-2 开放型绿地

1. 花架 2. 山石池

3、4. 花池 5. 花钵

6. 坐凳

（二）大型机关单位绿地

除大门入口处和主办公楼前进行绿化外，还有较大面积的集中绿地及各办公楼间和附属用房旁的绿地，可绿化面积一般在 5 000m² 以上。这种大型机关单位的主办公楼前绿地，一般采用规则式布局，通过绿化装饰和衬托主建筑物或者楼前广场设立的喷泉、雕塑、组合式花池等。因此，植物种植的效果要给人以简洁、色彩明快的感觉(图 3-3)。另外，在这种类型的机关内，一般都设有较大面积的集中绿地，通常可采用小游园的布局方式进行设计(图 3-4)。

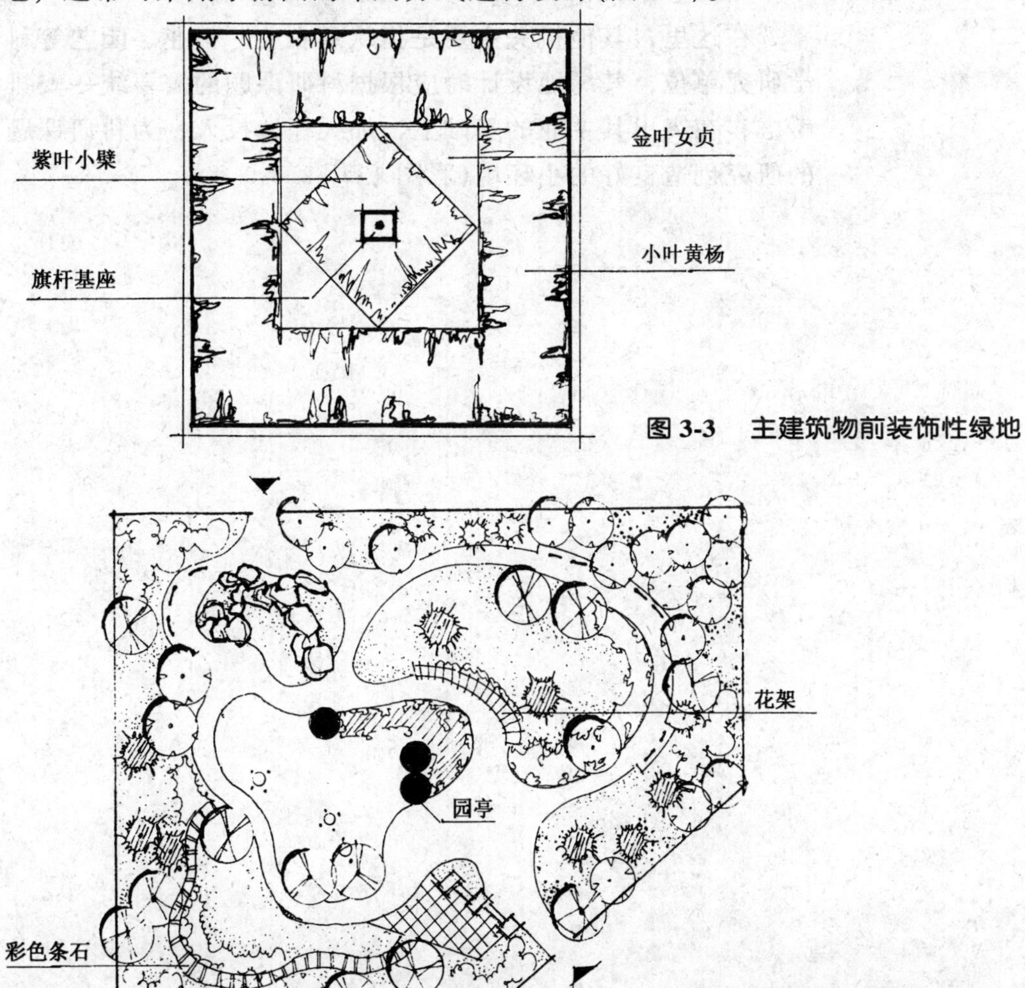

图 3-3　主建筑物前装饰性绿地

图 3-4　小游园的布局

（三）部队机关单位绿地

部队机关单位绿化类似于大型机关单位的绿化，但也有其特殊的方面，如部队机关单位大部分有训练场地或活动场地(篮球场)等，这些场地的周围应种植高大挺拔的乔木，以起到遮阴及防风固沙的作用。种植形式可以成排成行地带状种植。没有人活动的地段，也可以与花灌木间种(彩图12)。

（四）其他机关单位绿地

在这里，其他机关主要是指从事农业、林业、园艺等科学研究单位，其绿地设计时应根据科研课题的需要统一安排考虑，在突出其主业的基础上，加大绿地投入，为科研课题的研究创造良好的小环境(彩图13)。

4

机关单位园林绿地设计

（一）机关单位园林绿地的总体设计

由于机关单位类别不同、大小不同，大到一个国家的政府机构，小到局属机关。因此，从其占地面积到主体建筑物的体量各不相同，因此其绿化形式和绿化投入各不相同，但是不管是哪一类机关单位都应遵循以下原则：

1. 绿化为主，突出重点

机关单位绿地建设是城市绿化的一部分，它对改善城市环境质量、增加城市景观具有很大的作用。因此，从对整个城市环境质量角度考虑和改善局部小环境气候状况考虑，机关单位的庭院应以绿化为主，这不仅增加了城市的绿地覆盖率，而且使机关单位内部处处充满生机，使人们能呼吸到新鲜空气，免受尘土飞扬的侵袭，仿佛置身于花园之中，同时用绿化衬托装饰主体建筑物，遮挡不美观场所。因此，对于机关单位不论是绿地率，还是绿地覆盖率都应高于城市绿地指标。

在普遍绿化的基础上，要突出本机关单位的特点与风格，应在重点部位进行重点装饰。特别是入口处及主办公楼前可作重点布置，以突出机关单位的绿化管理水平和特点，并衬托出机关单位的形象(彩图 14)。

2. 为机关单位工作人员提供良好的室外休息活动环境

机关单位的工作人员文化素质较高，一般都在办公室工作，伏案时间较长，用脑过度，休息时间要到室外调剂放松一下，如作工间操、散步等。这时一个良好的室外环境散发出清香的气息，仿佛使人感觉置身花园之中，这样能很快消除疲劳，使精神振奋、精力旺盛地投入工作。因此，在机关单位绿化时，要在树立本单位形象的基础上，尽可能满足工作人员对室外环境在生理、心理上的需求。在工作人员集中活动的地方，开辟小型活动场地，周围用鲜花、树木装饰。为保证环境的清洁，改硬质地面为嵌草路面，尽可能做到黄土不见天，在北方地区要做到“三季有花、四季常青”。有条件的单位可为职工提供一块菜地或建一个小型花圃，以增加职工对植物的了解，满足本单位的节日用花，同时对锻炼身体也有很大益处(彩图 15、彩图 16)。

3. 布局合理，联成系统

在机关单位绿化前，特别是对于大型或占地面积较大的机关单位,园林绿地设计应纳入机关单位的总体规划中。在规划时运用一般与重点相结合,点、线、面相结合的布局方法,使其各部分有机地联系在一起，以提高审美和实用价值。

所谓点的绿化，就是机关单位园林绿地的重点，包括门口处和主办公楼前及设施完善的小游园。因为是单位绿化水平的缩影，应重点处理。所谓线的绿化，就是机关单位内部的道路系统及围墙边、河道边的绿化，它起着联系各部分绿地的作用，种植的方式为统一中求变化。所谓面的绿化既为机关单位各部位预留的绿地，它是整个机关单位绿地的基础，要让它充分发挥其绿化的保护、改善环境的作用。

要做到布局合理，首先要实事求是地根据机关单位的特点及用地状况(土壤情况，水体状况等)来安排绿地位置，最大限度地提高绿地率，满足绿化要求(彩图 17、彩图 18、彩图 19)。

(二)机关单位园林绿地布局的形式

机关单位绿地的布局形式一般是根据机关单位内部建筑的布局、用地的功能、绿地面积的大小而定。常采用的方法有规则式、自然式、混合式布局。

1. 规则式布局

规则式又称整齐式、几何式、对称式、图案式、建筑式布局。规则式布局给人的感觉是整齐、庄严、雄伟，在机关单位，特别是国家、政府机关单位如检察院、法院等地方的入口处和主要建筑物前的绿化宜采用规则式布局。从地形、水体(水池、喷泉)、花坛、雕塑、道路广场到植物种植按照建筑轴线为基准对称布置或整体对称，局部不对称。规则式布局线条简洁，色块分明，装饰性强，对于衬托机关单位的形象及严谨的工作起到很大作用(图 4-1)(彩图 20)。

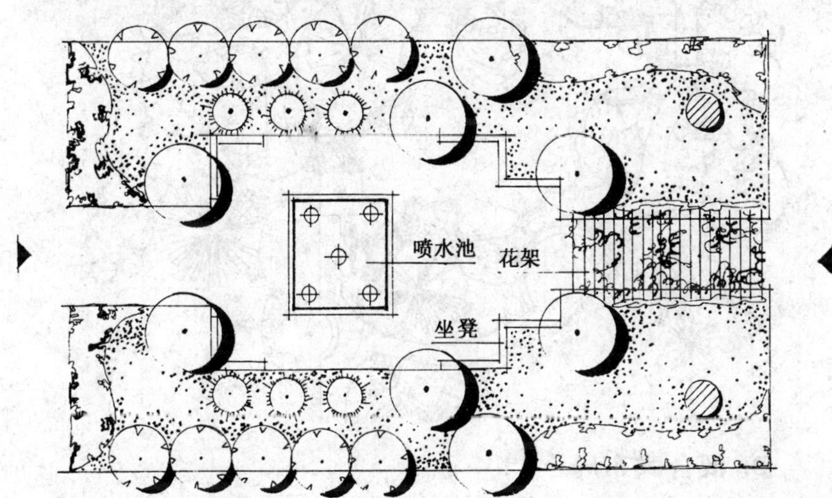

图 4-1　规则式绿地布局

2. 自然式布局

自然式又称风景式、不规则式、山水式布局。自然式给人的感觉是亲切、自然、柔和、舒展。在机关单位绿化中，对于占地面积较大、有条件开辟内部休憩性游园及工作人员活动场地周围的游憩场地等都可采取自然式布局。地形一般采用自然起伏地形或人工调整成微地形起伏，既符合美观要求，又满足排水要求(彩图 18)。如若设计水体，应使水体轮廓自然曲折，驳岸采用自然山石砌筑，道路线条流畅，其走向、布局多随地形。建筑的形式与位置要因景而设，且内容与形式要统一。植物种植要充分体现自然界植物群落之美(彩图 21)。

机关单位内的游园采用自然式布局的优点在于它打破了钢筋混凝土建筑的沉闷，使长期处于室内工作的人们有回归自然、情绪放松的感觉(图 4-2)。

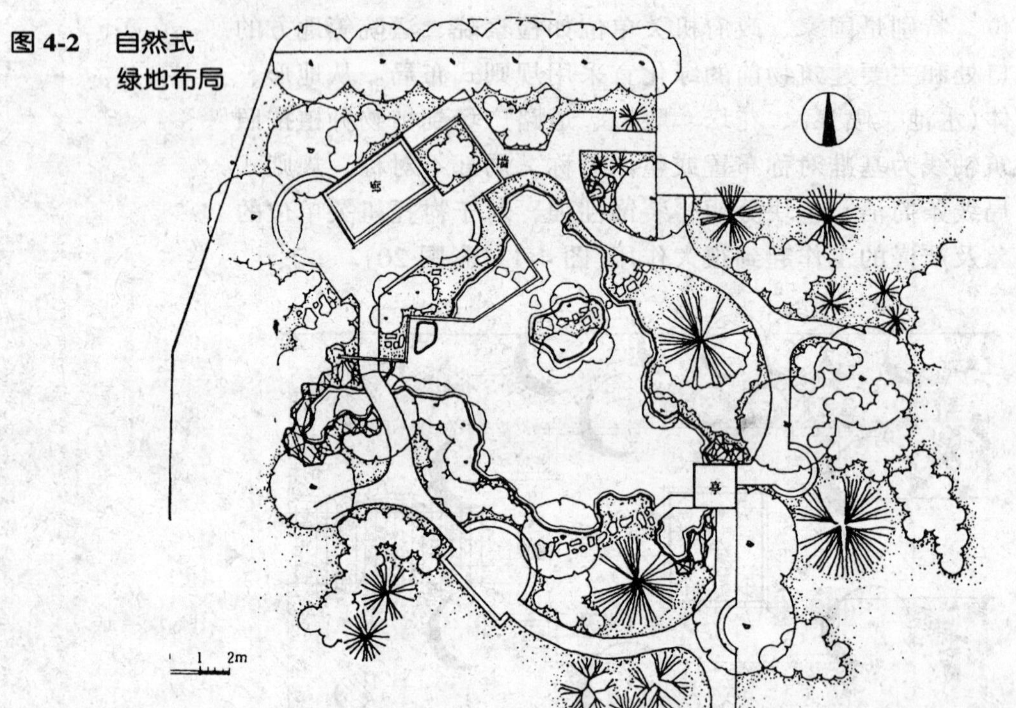

图 4-2　自然式绿地布局

3. 混合式布局

混合式布局是将自然式和规则式园林的特点用于同一园林布局中，或是将一个园林分为若干区，某些区域采用规则式布局，另一些区域采用自然式布局。它是在规则式和自然式的基础上发展起来的，可以看作是两种格式按照统一和变化的规律灵活运用的结果。

混合式布局也要做到因地制宜，常常把园林构成要素中自然成分多的表现为自然式，另一些人工对称要素多的表现为规则式。例如道路布局中，主园路可采用规则式布局，穿插的小道为自然式；植物布置中，外围种植可采用规则式的行列栽植，内部采用丛植等自然式栽植等。这种混合式园林不受用地面积限制，可大可小比较自由，较多运用于小型园林设计中。

对于机关单位绿地来讲，混合式布局方式也是常用的方式，它使组成园林景观要素之间的配合更为灵活，但这种形式的应用，要注意自然式和规则式的过渡要自然，避免突然变化，要有内在的联系，在设计中可以通过设置过渡空间或某些园林要素、景点的呼应关系来产生过渡与联系(图 4-3)。

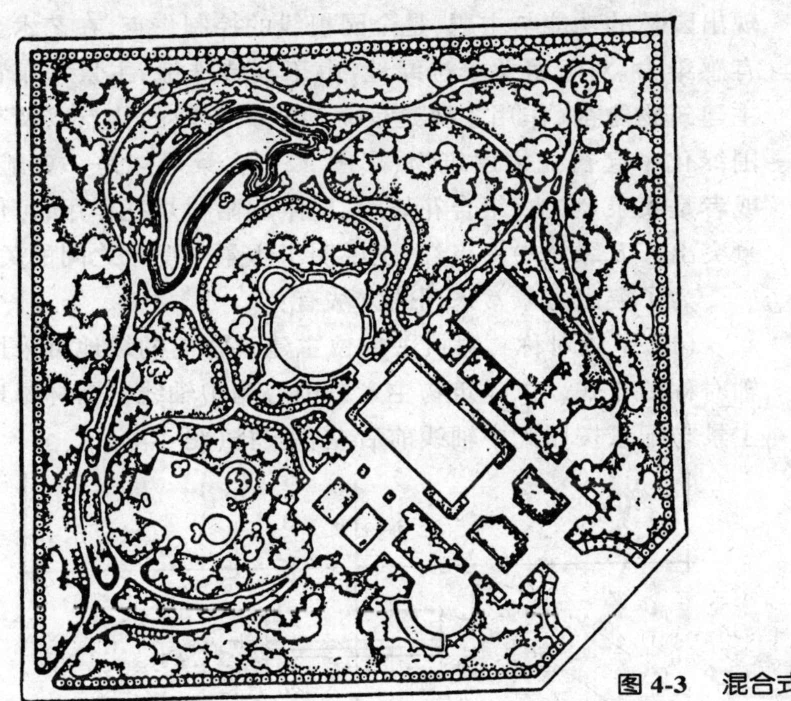

图 4-3　混合式绿地布局

(三)机关单位园林布局基本原则

园林的布局是一个园林艺术的构思过程，也是园林内容与形式统一的创作过程。

由于机关单位园林绿地从其功能和特点上都有别于一般性质的公园绿地，而且各机关单位之间不论从规模上，还是从性质上也各有不同，因此采用的园林布局形式及内容表现各具特色，但是构园有法，无论形式和内容有何不同，他们都要遵循园林布局的基本原则并通过设计手段，创造出具有个性的园林作品。

园林布局基本原则包括以下诸方面的内容：

1. 主景与配景

景无论大小均有主景与配景之分，在各种艺术创作中都在通过各种方式方法来表现主景与配景的关系，以突出艺术作品的感染力。

主景是全园的重点、核心，也是空间构图中心，它往往体现出园林的功能与主题，是全园视线的控制焦点，在艺术上富有感染力。对于机关单位绿地，由于其特殊性，主景常布置在主建筑物之前，作用主要是反映该机关单位的特点以及与周围绿化一起衬托主建筑物(彩图 22)。主景可能是一尊雕像，或者是喷泉、水池、组合花坛等。配景起陪衬烘托作用，可使主景突出，“万绿丛中一点红”正说明了主景与配景之间的关系。

为了突出主景常采用的方法有：

(1) 中轴对称　对机关单位主建筑物前的绿地可采用中轴对称的方式，以建筑物主入口中心为中轴线，园林绿地的主景与配景按照此中轴线前后左右安排(图 4-4)。

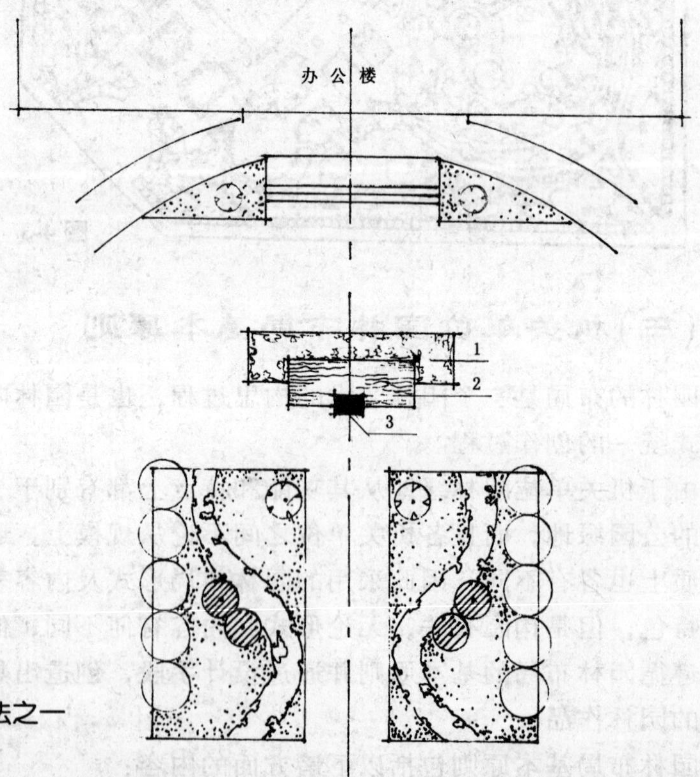

图 4-4　突出主景方法之一(中轴对称)

1. 花坛　2. 水池　3. 雕塑

(2) 主景升高　主景升高犹如“鹤立鸡群”这是普通、常用的艺术手段，主景升高往往与中轴对称的方法联用，反映主题的主景通常在空间高程上加以突出。但要注意的是由于机关单位绿地中的主景一般放在主建筑物前，因此主景在高度和体量上不要高于或大于主建筑物，而且要留出一定的观赏视距，使主景座落的空间亲切自然，并能与周围环境有机地协调在一起(图 4-5)。

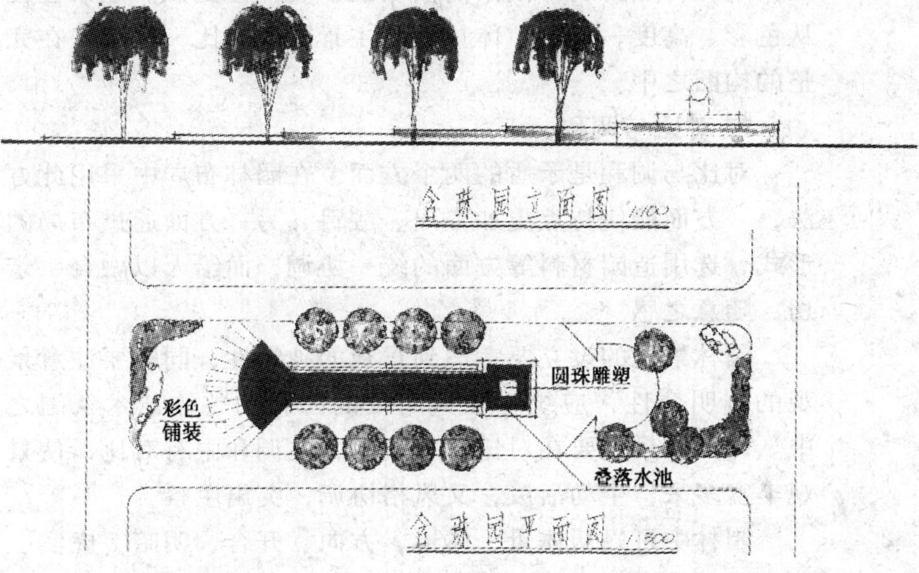

图 4-5　突出主景方法之二(主景升高)

(3) 动势向心　一般四面环抱的空间，如水面、广场、庭院等，从其周围观景视线往往具有动势，趋向于视线动势向心集中的焦点上。在这个焦点上，布置景物能突出其主位性，成为众望所归的主景。有的机关单位内的一些小游园为了营造轻松自由的氛围，往往采用自然式或混合式布局形式。小游园中设有小水面或草坪及环路的在视觉交汇点上宜就势布置主景物。

(4) 空间构图中心　对于规则式园林构图，主景常居于构图的几何中心。对于自然式园林构图主景常布置在构图的自然重心上。

(5) 渐变法　渐变法即园林景物布局采用渐变的方法，从低到高，逐步升级，由次要景物到主景，层层引导，通过园林景物的序列布置引人入胜，从序幕、发展到最后达到高潮引出主景。对于机关单位内从入口到主建筑物前的空间属于长向空间，其主景的突出可采用此方法安排。

上述几种突出主景的方法往往不是单独处理，常是几种方法的综合。特别是对于机关单位绿地内主景的位置更应明显突出，特点鲜明，线条简洁明快，装饰性更强。配景往往从色彩、高度、质地、体量上与主景形成对比，并统一在完整的构图之中。

2. 对比与调和

对比与调和是矛盾的两个方面，在园林布局中采用此方法，一方面能使特点更加突出、醒目，另一方面通过布局的形式，选用造园材料等方面的统一协调，而给人以融合、亲切、随意之感。

园林景观的设立要考虑到景观的独特性，同时要注意景观的鲜明个性，应统一在其所处的园林的整体艺术氛围之中。即园林景观要在对比中求调和，在调和中有对比，使景观丰富多采、生动活泼，又风格协调，突出主景。

园林中可以从体量、体形、方向、开合、明暗、虚实、色彩、质感等形成对比。而调和也是多方面的(图 4-6、图 4-7)(彩图 23)。

图 4-6　利用对比和微差达到构图的统一
——引自《风景园林设计》

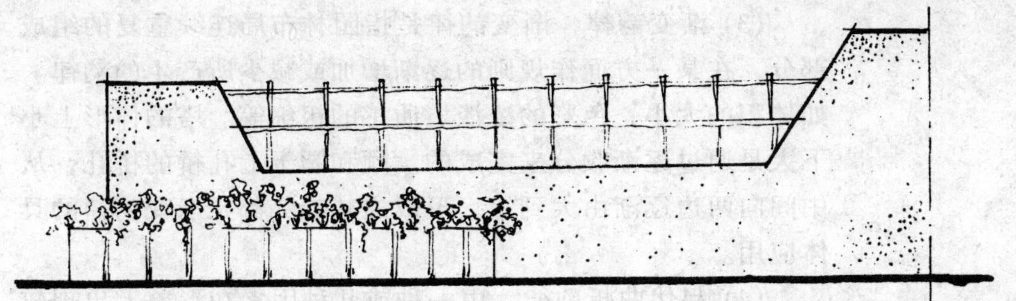

图 4-7　船形景墙的虚实对比

3. 节奏与韵律

节奏与韵律是一种事物在动态过程中，有规律、有秩序并富于变化的一种动态连续的美。把节奏与韵律运用在园林布局中，可使由山水、建筑及花草树木组合的园林景观具有内在的联系，给人以美的享受。

现把园林绿地构图中常见的节奏韵律介绍如下：

(1) 简单韵律　即由同种因素等距反复出现的连续构图，如行道树的种植，等高、等距的长廊、花架等(图 4-8a)。

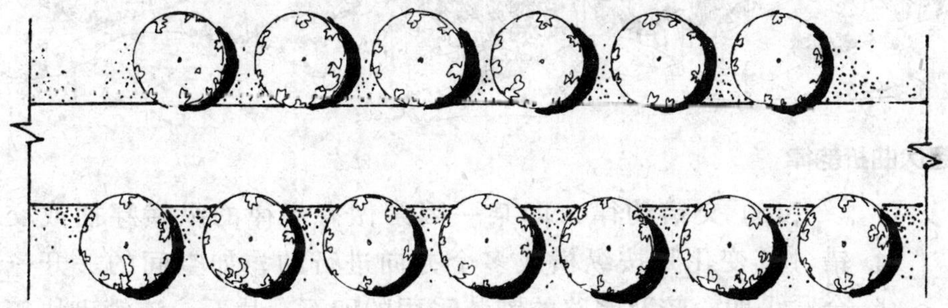

图 4-8a
简单韵律

(2) 交替韵律　即由两种以上因素交替等距反复出现的连续构图，如河堤上柳树、桃树的交替种植，景墙虚实两部分的交替使用等(图 4-8b)。

图 4-8b
交替韵律

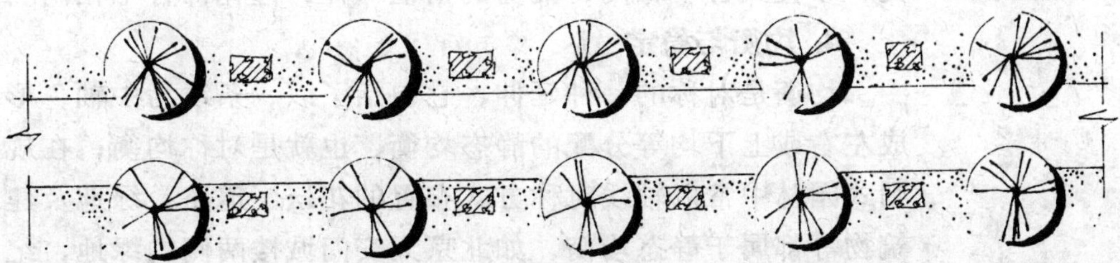

(3) 渐变韵律　渐变韵律是指园林布局连续重复的组成部分，在某一方面作规则的逐渐增加或减少所产生的韵律。如体积的大小，色彩的浓淡、质感的粗细等。塔的体形上小下大是通过逐渐收分来完成的。颐和园十七孔桥的桥孔，从中间向两边逐渐由大到小，形成递减趋势都是渐变韵律的具体应用。

(4) 起伏曲折韵律　由一种或几种因素在形象上出现较有规律的起伏曲折变化所产生的韵律，如连续布置的山丘、起伏的围墙及绿篱等(图 4-8c)。

图 4-8c　起伏曲折韵律

(5) 交错韵律　即某一因素做有规律的纵横穿插或交错，其变化是按纵横或多个方向进行的，如空间的一开一合，一明一暗及园路的铺装采用的卵石、片石、连锁砌块等组合的各种花纹图案等所体现出的景观效果引人入胜。

(6) 拟态韵律　既有相同因素，又有不同因素反复出现的连续构图。如花坛的外形相同，但花坛内种植的花草种类、布置又各不相同；漏窗的窗框一样，但花饰各不相同。

4. 均衡与稳定

均衡是对称的一种延伸，它包括了以一条线为中轴，形成左右或上下均等分配的静态均衡，也就是对称均衡，在规则式园林中常以轴线对称方式布置的花坛、道路、绿地及建筑物等都属于静态均衡，如北京天安门城楼两侧的绿地，纪念性园林为了烘托严肃、庄重的气氛，常采用此方法布置园林的内容。另外，均衡也含有动势上的均衡，它通过不在中线上的主轴两侧园林绿地构成要素的虚实、体形、色彩、质感、数量等给人产生的体量感觉。犹如秤锤和物体之间不对称均衡的原理一样，如北京颐和园昆明湖上的廓如亭与南湖岛通过十七孔桥的连接达到动态均衡，是非常典型的不对称均衡的实例。在自然式园林中，植物、山石、建筑常采用此方法进行布置(图 4-9)。

图 4-9　不对称均衡

稳定与对称一样给人一种雄伟、安全的感觉。上小下大曾被认为是稳定的惟一标准，这是由于地心引力的作用。因此，为了维持自身的稳定，往往靠近地面的部分设计成大、重、实，而在上面的部分则小、轻、虚。如园林中的山、土坡、建筑等都遵循了这一标准。但是一旦人们在技术上突破了这种模式而使构筑物得以稳定的话，就不会受此约束，而尝试新的形式。如上大下小的伞形亭、独立花架等，再如中国的假山讲究“立峰时石一块者，……理宜上大下小，立之可观。或峰石两块拼缀，亦宜上大下小，似有飞舞势”。因此，不管采用哪一种形式，在园林中它都应是独特的，新颖的并与特定的环境相吻合的。

5. 比例与尺度

比例研究的是各部分之间、整体和局部之间、整体和周围环境之间的大小关系，它和具体尺寸无关。这种比例关系要合乎逻辑，要给人以美感。

尺度在园林中系指园林空间各个组成部分与具有一定自然尺度物体的比较。功能、审美和环境特点是决定园林设计尺度的依据。园林是供人们休憩、游玩、赏景的空间，因此园林中各组成要素的尺度要满足人的使用和欣赏的需求，按一般人体的常规尺寸确定尺度，使人感到舒适、方便、亲切自然。如园林中常见的坐凳高为 40cm，栏杆 80cm，踏步 15cm，月洞门直径为 2m。因这些尺寸都是比较固定的，所以它们有助于显示出建筑物的整体尺度(图 4-10)。但是在景观实际设计中常常为了烘托某种气氛、表现某种意境，将景物放大或缩小。如纪念性园林中的景物，为了给人以崇高的感觉，尺度就要大，造成仰视的观赏效果。而对于一些庭院园林，由于其空间较小，其内部的建筑、水面等尺度也应小些，才能和环境协调，让人产生亲切的感觉。

图 4-10　比例与尺度

合理的比例尺度要根据园林绿地的不同功能进行选择，以满足景观要求和人们审美的要求。

（四）机关单位绿地详细绿化设计

建设部关于印发《城市绿化规则建设指标的规定》的通知中的附件一，即城市绿化规化建设指标的规定中指出：单位附属绿地面积占单位用地面积比率不低于30%，其中，学校、医院、休疗养院所、机关团体、公共文化设施、部队等单位的绿地率不低于35%。因特殊情况下不能按上述标准进行建设的单位，必须经城市园林绿化行政主管部门批准，并根据《城市绿化条例》第十七条规定，将所缺面积的建设基金交给城市园林绿化行政主管部门统一安排绿化建设作为补偿，补偿标准应根据所处地段绿地的综合价值由所在城市具体规定。

机关单位绿化应在总体设计原则的指导下，把建设部规定的指标分别落实到各个部位，最大限度地提高绿地率，并细致地做好各部位的详细绿化设计。

对于机关单位，不论绿化面积大小，就其组成来说，主要包括入口处绿地，办公楼前绿地(主要建筑物前)，附属用房旁绿地，较集中的庭院休息绿地(小游园)，道路绿地等。

下面分述一下各部分绿地设计的指导思想：

1. 大门入口处绿地

大门入口处是一个单位形象的缩影，入口处的绿地是单位绿地的重点之一。绿化设计的形式要与大门的形式及色彩等统一考虑，以形成某一机关单位的特色及风格。一般在大门内外两侧采用规则式种植，树种以树冠整齐、耐修剪的常绿树为主，最好与大门的高矮形成反差，以示强调。在入口对景位置上可栽植较稠密的树丛，树丛前种植花卉或置山石，也可以设计成花坛、喷水池、雕塑、影壁等。其周围的绿化要突出整体效果，从色彩到形式要起衬托作用(图4-11、图4-12、图4-13)。

入口广场两侧的绿地应先规则种植，再过渡到自然式种植，具体的种植方式及树种选择应视周围环境而定。总之，要达到植物种植具有层次感、色彩(花色、叶色)搭配要合

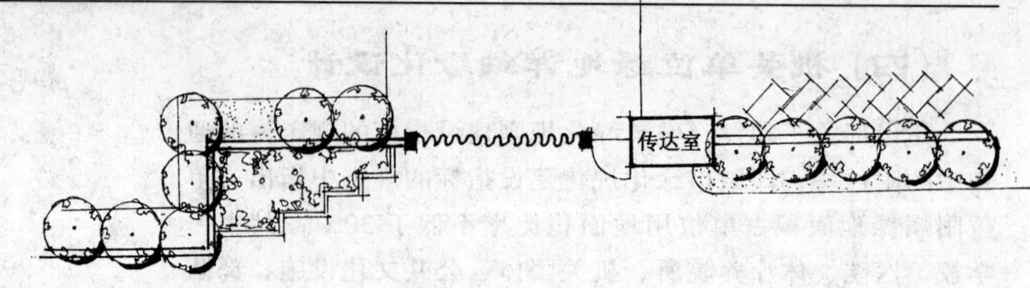

图 4-11　大门入口处绿化(1)

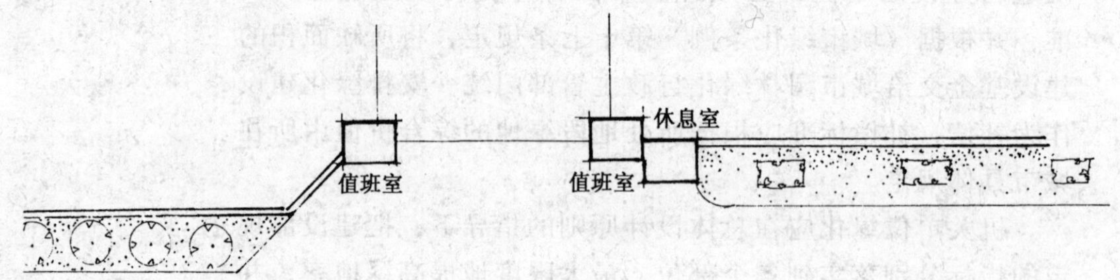

图 4-12　大门入口处绿化(2)

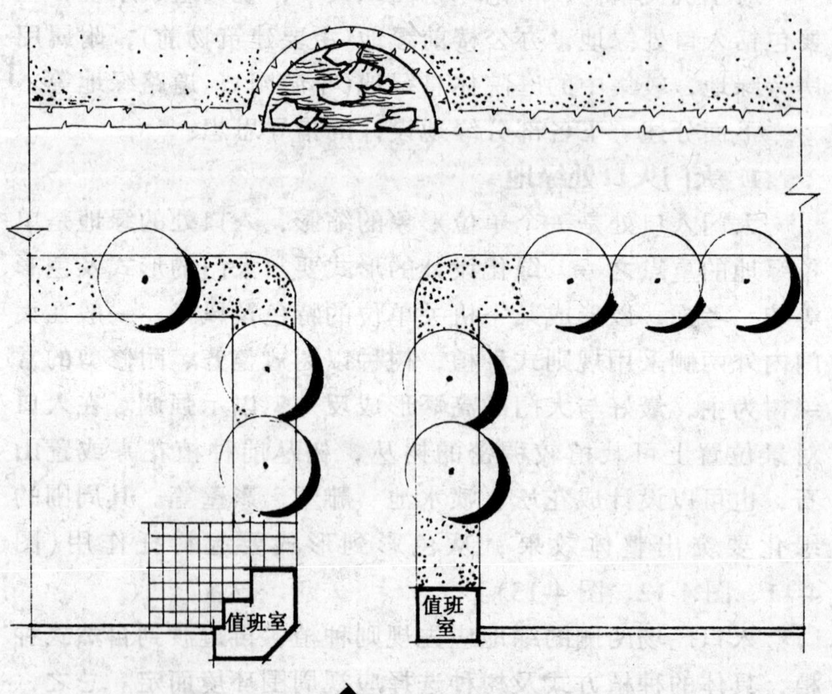

图 4-13　大门入口处绿化(3)

理。

入口处的围墙尽量做成通透式，墙内外的绿化相互渗透，可利用藤本植物绿化围墙，如五叶地锦、爬山虎等(图4-14、图4-15)。

2. 办公楼前绿地

办公楼前绿地可分为楼前装饰性绿地(此绿地有时与大门入口处前广场绿地合二为一)、楼房基础栽植、办公楼入口处绿地。

办公楼前绿地通常以封闭型为主，主要对办公楼起装饰和衬托作用。装饰性绿地以草坪为基调，其上栽种一些观赏价值较高的常绿树，再点缀珍贵的、树形舒展的开花小乔木及开花繁多的花灌木，周边还可用一些宿根花卉镶边。常用的植物有雪松、云杉、龙柏、整型大叶黄杨、冬青、紫叶小

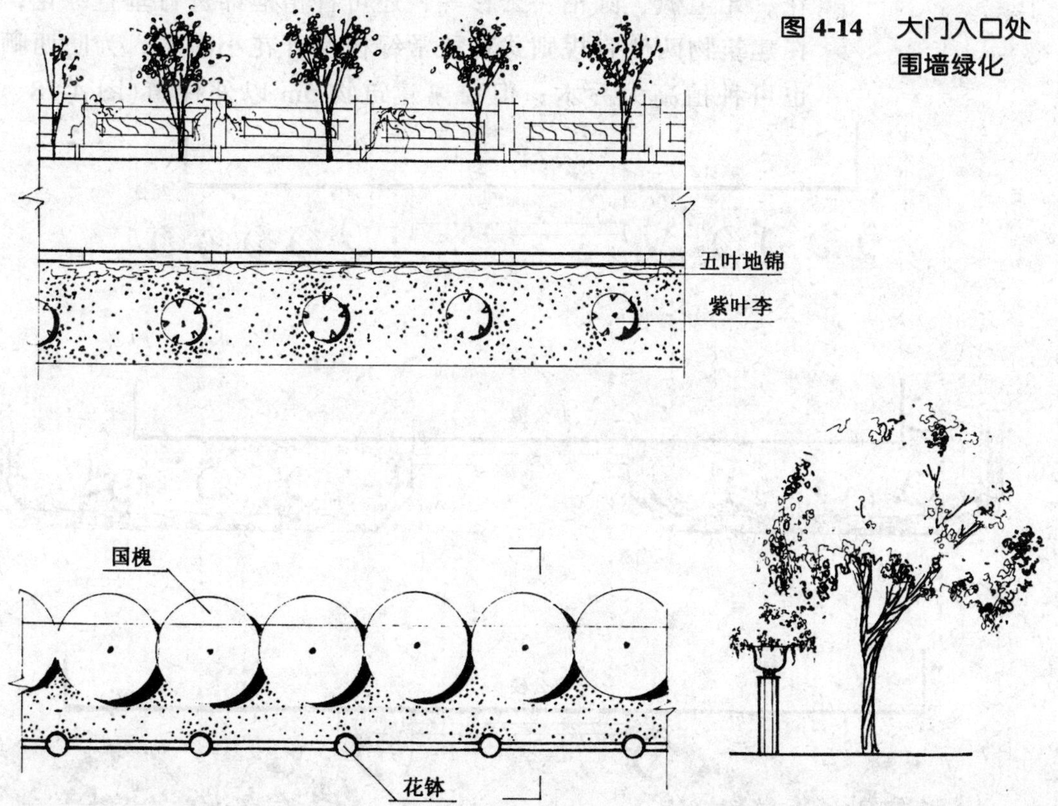

图 4-14　大门入口处围墙绿化

图 4-15　大门入口处围墙绿化

榘、金叶女贞、金叶绣线菊及西府海棠、紫叶李、白玉兰、二乔玉兰、棣棠、蔷薇、月季、鸢尾、菊类等(图 3-1)。

办公楼前绿地形式要根据办公楼及楼前广场的平面形状及用途加以规划，可规则式可自然式或混合式布置。

值得注意的是，树木种植的位置不要遮挡建筑主要立面，且树形应与建筑相协调，衬托和美化建筑。而且在此绿地中植物种植不要过满、种类不要过多。

楼前基础种植从功能上看，能将行人与楼下办公室隔离，以保证室内安静；从环境上看楼前基础种植是办公楼与楼前绿地的衔接和过渡。因此，植物种植宜简洁、明快，多用绿篱和树形较整齐的花灌木，以突出建筑立面及楼前装饰性绿地，并能保证室内的通风采光(图 4-16)。在建筑的阴面，宜选择一些耐荫植物绿化，如珍珠梅、金银木、八仙花、元宝枫、圆柏、云杉等，还可种植地锦进行垂直绿化，在建筑物两侧宜规则式种植常绿树及开花小灌木，为防西晒也可种植高大乔木，但要离建筑物 5m 以外种植(图 4-18、

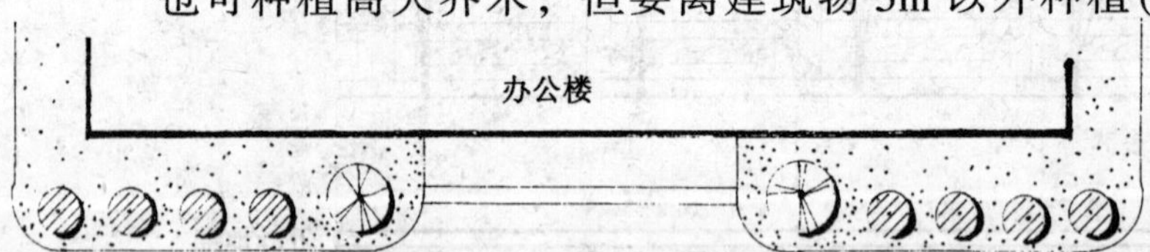

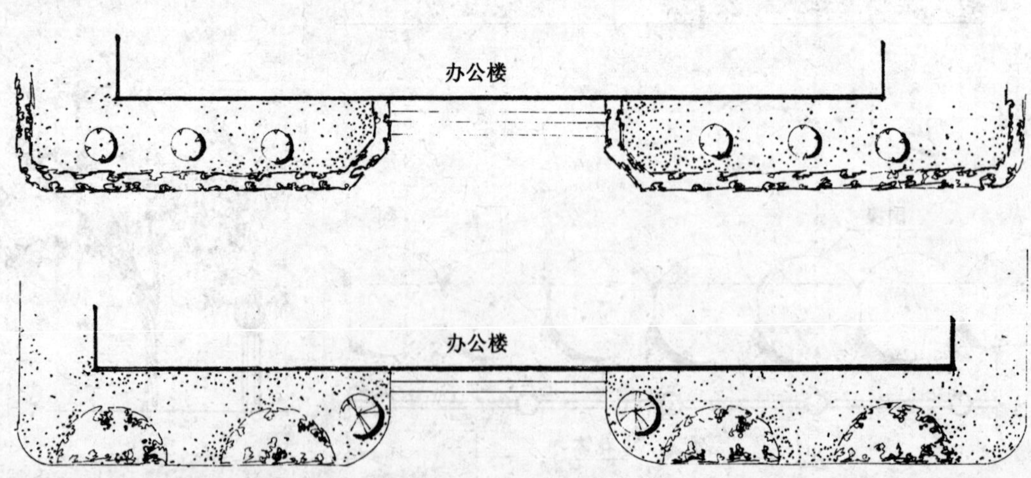

图 4-16　楼前基础种植

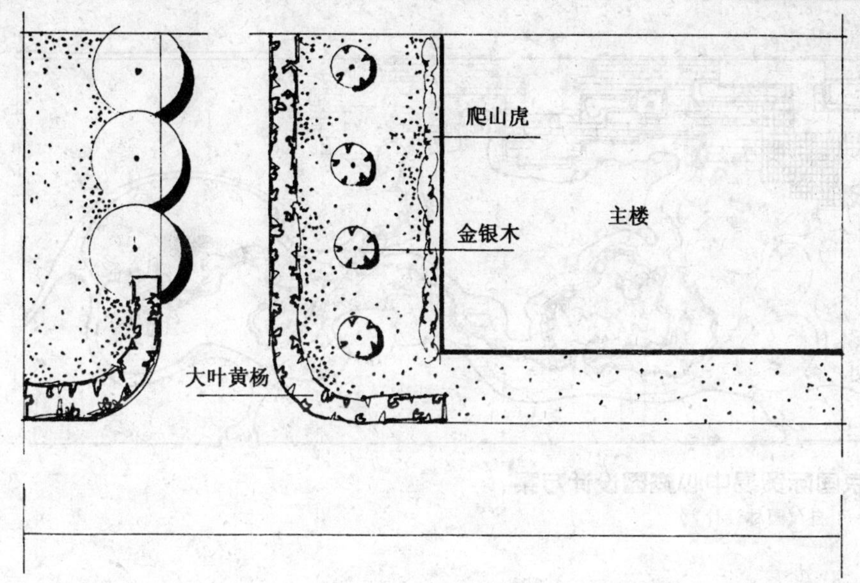

图 4-17　建筑物两侧绿地(1)

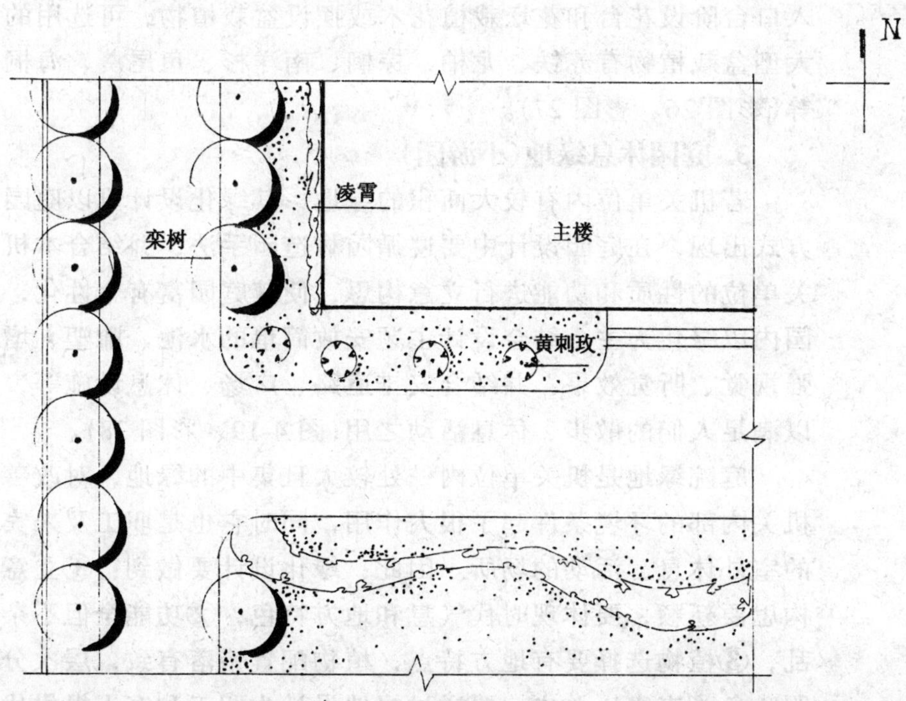

图 4-18　建筑物两侧绿地(2)

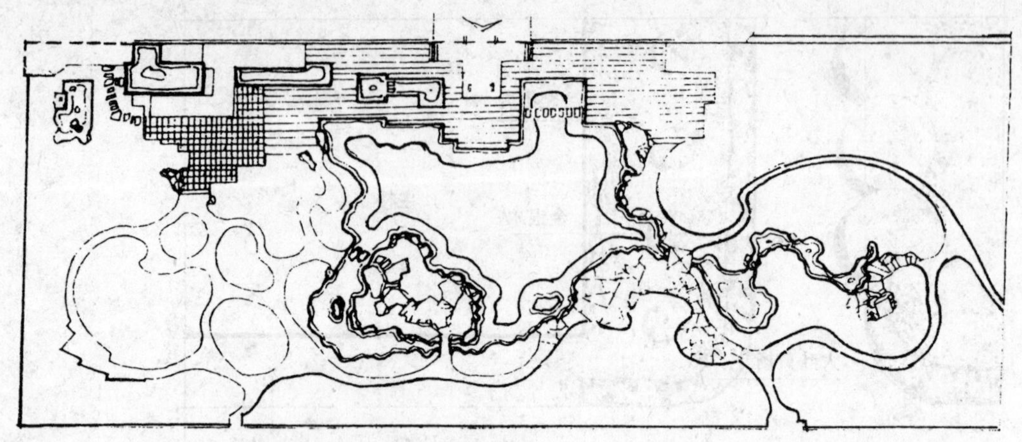

图 4-19　北京国际贸易中心庭园设计方案
——引自《园林设计》

图 4-19)(彩图 24、彩图 25)。

办公楼入口处的布置多用对植方式种植，一般用常绿树或耐修剪的开花灌木以强调和装饰入口处。有的还可以结合入口台阶设花台和花坛栽植花木或摆设盆栽植物，可选用的大型盆栽植物有苏铁、龙柏、棕榈、南洋杉、鱼尾葵、海桐等(彩图 26、彩图 27)。

3. 庭园休息绿地(小游园)

若机关单位内有较大面积的绿地，其绿化设计可以庭园方式出现，在庭园设计中要遵循园林造园手法，并结合本机关单位的性质和功能进行立意构思，使其庭园富有个性化，园内以绿化为主，结合设计主题安放简单的水池、雕塑、增强视觉、听觉效果，并结合安排道路、广场、休息设施等，以满足人们的散步、休息活动之用(图 4-19、彩图 28)。

庭院绿地是机关单位内一处较大且集中的绿地，对改善机关内部的环境条件起了很大作用，同时它也是职工及来宾的室外休息、活动的场所。因此，绿化设计要做到：①立意构思要新颖，要体现时代气息和地方特色，②功能全但不杂乱，③植物选择要有地方特点，植物配置错落有致，层次分明，色彩丰富。总之，要通过绿地设计为职工和客人提供优雅、清新、整齐的工作、休息环境。

机关单位庭园绿化时，如有条件可开辟工间操、篮球、羽毛球的活动场地，场地周围可种植高大乔木以供遮荫，同时要与庭园绿化有机地结合在一起，形成一个完整的庭园空间(彩图 29、彩图 30)。

庭园设计内容包括：

(1) 入口　入口应设在方便工作人员出入的地方，数量 2～3 个，入口的位置应适当放宽道路或设小型集散广场，入口标志设计要新颖、简洁、灵活，要与园内内容与形式相吻合，内设花坛、假山石、景墙、雕塑、植物等作对景使入口处特点明显，且不同的入口简繁不一，不要雷同(图 4-20)。

图 4-20　庭院入口处设计

(2) 场地　场地主要分为活动场地和休息场地两部分，场地之间可利用植物、道路、地形等分隔。

活动场地中可放置一些简易活动器械，或结合篮球等场地使用，地面要求平整，场地周边可设置一些坐椅以供休息，在休息设施旁可种植一些高大乔木，以供遮荫。

休息场地中可设置一些亭、廊、花架、园桌、园椅等设施，场地可设计成带图案地面，或卵石、嵌草路面以增强观赏性。场地周围的植物种植要有艺术性，充分体现出植物的色彩变化、体形之美、组合之美(图 4-21)。

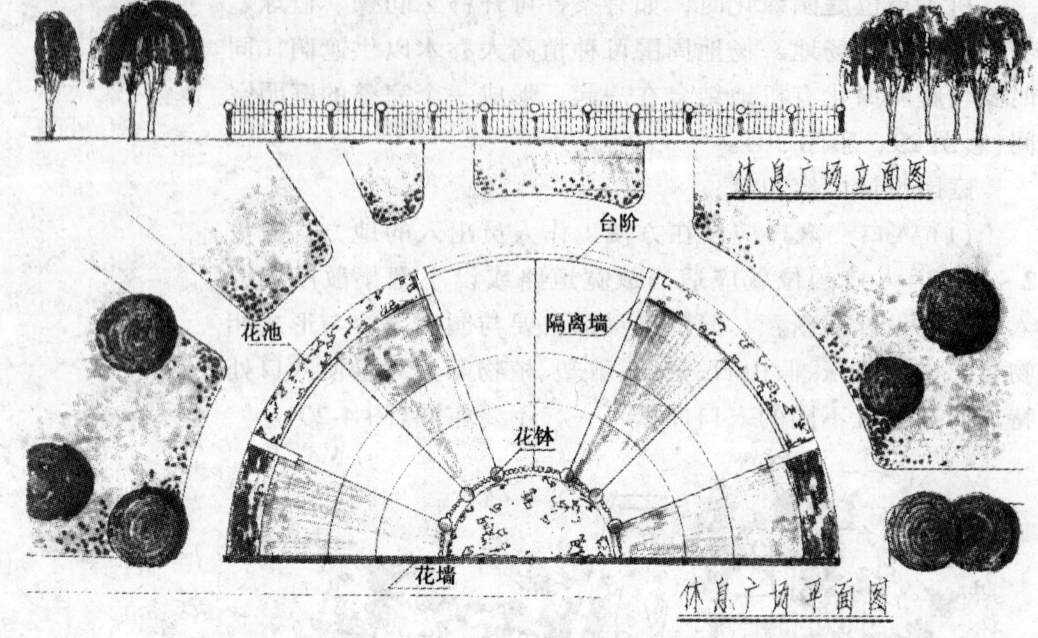

图 4-21　休息场地设计

(3) 园路　由于机关单位内的庭园占地面积相对较小，游人少，园内主路宽度为 1.5～2m 即可，小路 1.2m 左右，根据景观要求，园路宽窄可稍作变化，园路的走向、弯曲、转折、起伏应随着地形自然地进行，但要自然流畅，不要出现死角。通常园路也是绿地排除雨水的渠道。因此，必须保持一定的坡度，横坡一般为 1.5% ～2.0%，纵坡为 1.0% 左右。当园路的纵坡超过 8% 时，需做成台阶(彩图 31)。

园路的铺装可根据景观要求选择，以提高路面的艺术效果为目的(图 4-22)。

(4) 地形　在机关单位内进行地形处理时，要考虑实际情况，因地制宜，一般可做成微地形起伏或利用台阶布置成一定的高差变化既可以满足景观要求，又有利于排水。

(5) 园林建筑与设施　机关单位内的庭园设计中园林建筑和设施也是不可缺少的一部分，但是也应注意，由于绿化面不大，园林建筑和设施的数量不宜过多，体量不宜过大。园林建筑与设施包括：亭、廊、花架、花坛、水池、喷泉、

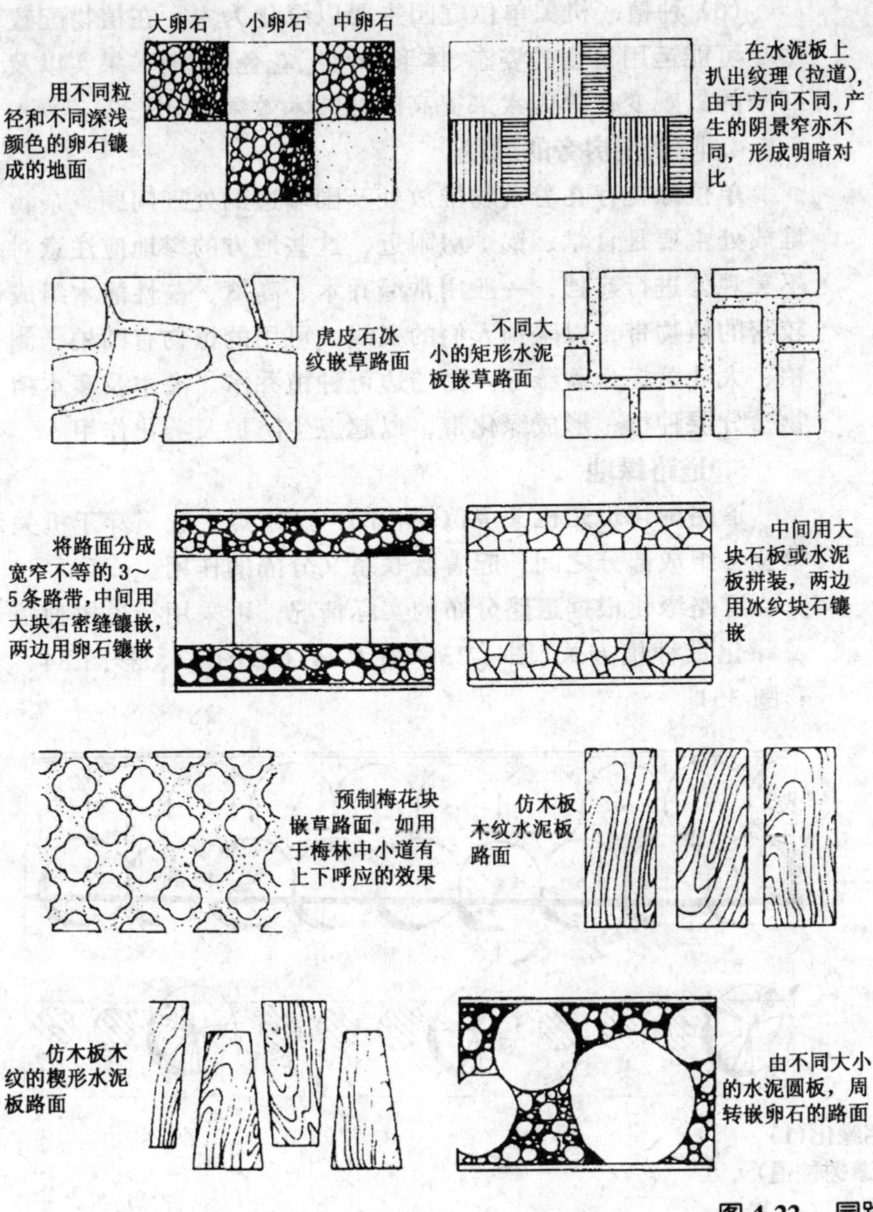

图 4-22　园路铺装形式

——引自《园林规划设计》

雕塑、景墙、栏杆、围墙山石、桌椅等。这些建筑和设置可结合庭园绿化的需要有选择地使用，使之与环境有机地组成园林景观。

（6）种植　机关单位庭园主要以绿化为主，在植物配置中尽可能运用植物的姿态、体形、叶色、花色、花期、果实以及四季的景观变化等因素来提高园林艺术效果(彩图 32)。

4. 附属用房旁的绿地

单位绿化存在着杂物堆放处及围墙边的处理问题。杂物堆放处主要是食堂、锅炉房附近，这些地方的绿地应注意对不美观处进行遮挡，一般用常绿乔木、高篱、蔓性灌木组成较密的植物带，以阻挡人们的视线，可用的植物有圆柏、侧柏、大叶黄杨、蔷薇等。围墙边可种植乔木、灌木及藤本植物，分层种植，形成绿化带，以起卫生防护及美化作用。

5. 道路绿地

道路绿化也是机关单位绿化的一个重点，它贯穿于机关单位各组成部分之间，起着既联系又分隔的作用。

道路绿化根据道路分布的实际情况，可采用行道树种植及绿化带种植方式(图 4-23、图 4-24)(彩图 33、彩图 34、彩图 35)。

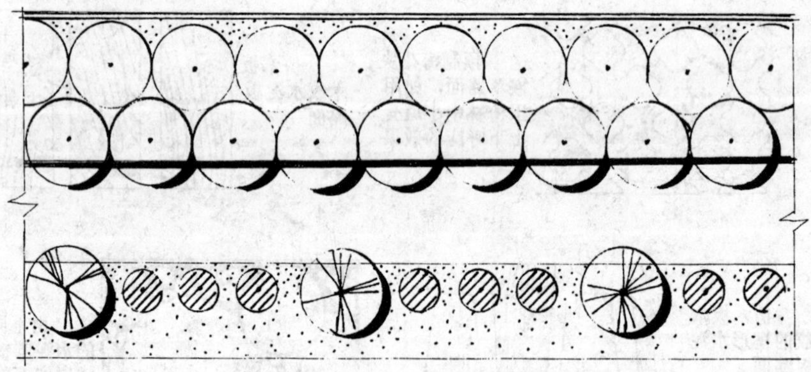

图 4-23　道路绿化(1)
(行道树种植)

在采用行道树种植的绿地形式时，植物一般选用具有较好的观赏性、分枝点较低的乔木为主，种植时应注意其株距可小于城市道路的行道树种植的株距，一般在 3m 左右，同时要处理好行道树与管线之间的距离。行道树的种类不宜繁杂，以 2～3 种为宜。

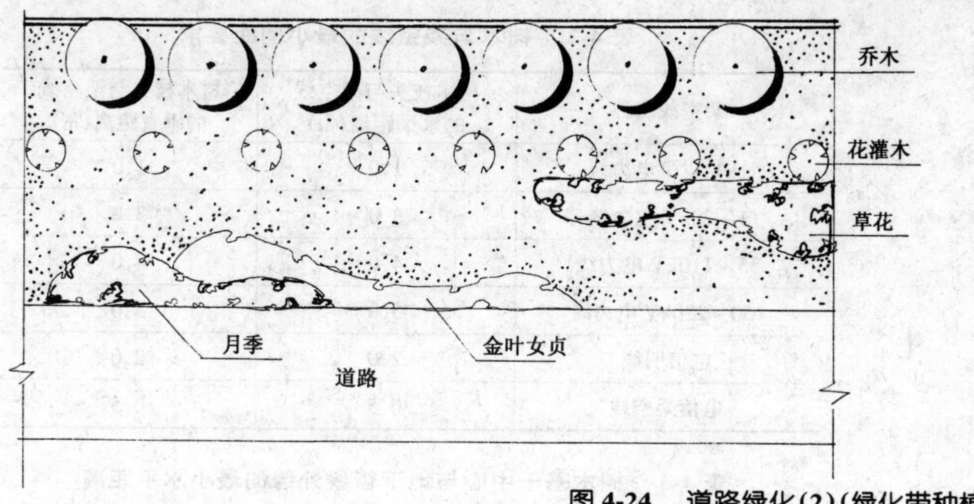

图 4-24　道路绿化(2)(绿化带种植)

(五)树木栽植与建筑物、构筑物距离要求的相关规范

在机关单位绿地设计时要考虑绿地划分的合理性，以能确保植物正常生长、且不影响正常的机关单位工作。因此，在设计绿地及植物种植时要注意机关单位内所有地上、地下管道、设施等的位置、作用。防止因绿化而影响设施的正常使用和维修。有关最小水平距离规定见表 4-1、表 4-2、表 4-3。

表 4-1　树木基干中心与建筑、构筑物最小水平距离要求

名称	乔木（m）	灌木（m）
道　牙	0.5	1.0
排水明沟	0.5～1.0	
平房	2.0	
楼房	4.0～5.0	
围墙	1.5	
铁路中心线	8.0	4.0
桥头	6.0	
涵洞	3.0	
邮筒、路牌、停车标志	1.2	1.2
警亭	3.0	2.0
测量水准点	2.0	1.0

表 4-2　树木与架空线的最小间距要求

架空线名称	树木枝头与架空线的水平距离(m)	树木枝头与架空线的垂直距离(m)
1kV 以下电力线	1.0	1.0
1～20kV 电力线	3.0	3.0
35～110kV 电力线	4.0	4.0
150～220kV 电力线	5.0	5.0
电信明线	2.0	2.0
电信架空线	0.5	0.5

表 4-3　树木基干中心与地下管线外缘的最小水平距离

名　称	乔木(m)	灌木(m)
直流电缆	1～1.5	1.0
管道电缆	1～1.5	不要求
上水管道	1.0	不要求
下水管道	1～1.5	不要求
煤气管道	2.0	1.5
热力管道	2.0	1.5

5 机关单位绿地景观构成要素

每件艺术作品都是通过一定的材料、媒介来实现其内容和形式的统一。

对于园林绿地而言，它主要是通过山、水、建筑、植物等物质要素，进行有机组合，按照美的规律，创造出“可望、可行、可游、可居”的体形环境。离开这些物质要素，美好的环境只是一种幻想。

由于机关单位绿地是园林绿地的一种绿地类型，同样是由山、水、建筑、植物等组成。但是因为机关单位绿地面积相对较小，这些物质要素的运用就会存在一定的局限性。现就机关单位庭院绿地中常见的物质要素作一介绍：

（一）园林地形处理

由于在景观设计中除了少数飘浮在空中的设计元素外，其他都必须放置在地表上。因此地形对植物、水体及建筑物等具有很大的影响力。

园林绿地中的地形选择取决于绿地的类型及其使用功能。在机关单位庭院绿地中，地形主要以平地和缓坡地为主。

1. 平地

平地对于机关单位庭院绿地来说应占有相当大的比例。这主要是因为平地给人视线开阔，便于机关单位的管理，同时便于工作人员的活动及突出主建筑物的形象。

平地按地面材料可分为土地面、铺装地面及绿化种植地面。为了防止地表积水，一般要保持1%～2%的坡度。

(1) 土地面　可用作机关单位绿地中的活动场所，但面积不要过大。

(2) 铺装地面　适用范围较广，既可成为机关单位的主要交通要道，又可应用在绿草、水池边、假山附近、园林小品间等局部设施处。

(3) 绿化种植地面　此种地面自然怡静，在花坛、水池、假山间铺设最为适宜，但其宽度不能过于狭窄。必要时可于疏林草地之中放置定形或不定形之踏石，这样可使草皮免受人、车踏压，同时对雨水返还和环境共生极为有益(图5-1)。

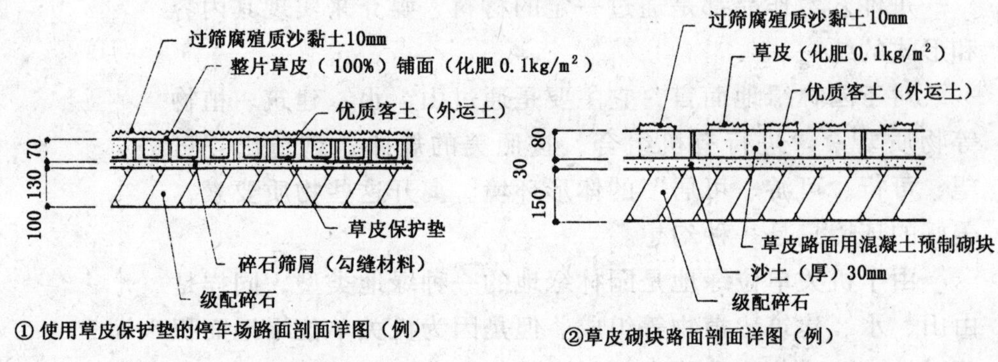

图 5-1　透水性草皮路面构造

2. 坡地

坡地在机关单位庭院绿地中主要以缓坡为主，坡度在8%～9%之间，适用于主建筑物前的装饰性绿地。如在主建筑物前布置一块面积较大的草坪时，可采用缓坡的形式造成起伏变化，打破建筑物生硬的感觉，使景物生动活泼。同时在机关单位内的游园里，也可采用微地形处理方式，增加景深的变化。

(二) 园林水景处理

水在园林景观设计中也是非常重要的一个要素，它不仅满足人们亲水及观赏的需要，还可以用来调节空气与地表的温度与湿度，同时可以缓和噪音(彩图 36)。

水果的形式很多，从水体的形式可分为自然式水体、规则式水体及混合式水体；从其水流的状态可分为静态水景和动态水景等。对于机关单位庭院绿化，由于其占地面积相对较小及绿化的特殊性，在设计水景时通常采用以下几种形式：

1. 水池

水池在造园中为静的布局运用之一，有时就地势低洼处，以人工开凿；有时在重要位置作为主景，其观赏价值与花坛相同，具有强调园景色彩的效果。

(1) 水池的形式　水池通常分为规则式水池、自然式水池及混合式水池(图 5-2)。

规则式水池是指单一几何形体如圆形、方形、长方形等，以及几何形体的组合如两个半圆与长方体的组合等。这些规则式水池也常常与雕塑、喷泉、叠水、花坛等组合成景。

自然式水池是指按照自然界溪、河、湖的局部面貌结合原地形加以人工再创造。

在设计上，水池的形状及大小应视环境而定，一般水池占用地面积的 1/5～1/10 为宜。

(2) 水池设计的注意事项

①池岸与常水位的高度应稳定，一般常水位保持距岸顶 20～40cm 为宜。当水池低于地面时，路面代替了池岸，这时在近水池的地方用一些局部设施做一种暗示，以确保安全，如用金属矮栏或者地灯设在池周围。当水池高于地面时，应注意其水池的高度不要过高，以防造成空间的闭塞和压迫感。池岸的材料应与水景的形式，地面的质地，周围的环境等相协调。

②对于较浅的水池池底，在设计上可采用粘贴蓝色瓷砖，或水泥加蓝色，或做成一定的纹理，可使池水显出较深的视觉，如再配以水底灯光，更可增加动感和趣味性，以丰富视觉效果。

③水池周围的树木不可栽得过满，必须对树木的色彩及形状等加以选择，以免影响水景的整体效果。水池里如栽种水生植物，切忌满池栽种，一般水生植物占水面的 1/3～1/ 2 为宜。

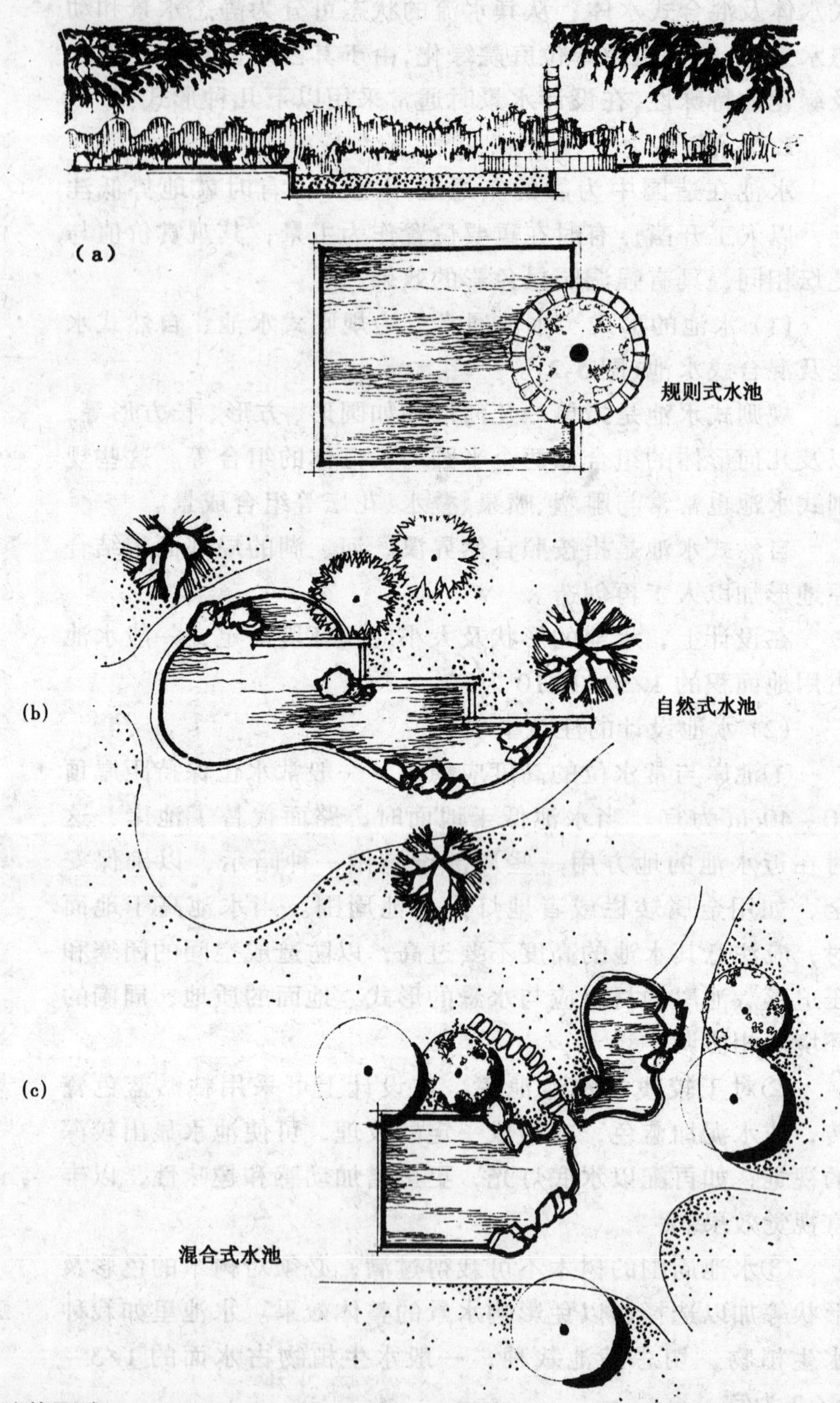

图 5-2 水池的形式

(3) 水池构造

①池底　池底设计面，应在冰冻线以下，如土壤为排水不良的黏性土，或地下水位甚高时，在池底基础下及池壁之后，应当放置碎石，并埋 10cm 直径土管，将地下水导出，管线的倾斜度为 1% ~2%。池宽在 1 ~ 2. 5m 左右者，则池底基础下的排水管，沿其长轴埋于池的中心线下。池底基础下的地面，则向中心线作 1% ~2% 倾斜，在池下的碎石层厚 10 ~ 20cm，壁后的碎石层厚 10 ~ 15cm。至于无霜或排水良好的地方，则无此必要。不必设碎石层的水池，可在池底排放卵石，然后用水泥灌注，其成分为水泥: 沙: 碎石 =1: 2: 4，制作时应充分搅拌，厚约 15 ~ 30cm。如在土质松软或水池面积大的地方，则水泥中应加设钢筋。

②池壁　池壁有垂直及坡形两种。而规则式水池池壁一般均采用垂直形。垂直形的优点为池水升落之后，不会在池壁淤积泥土，易于保持水面洁净。池壁可用砖石或水泥砌筑，厚约 15 ~ 25cm，池的内壁可镶贴瓷砖等，作成图案，加以装饰(图 5-3)。

③池岸　池岸上应以砖、石、石块、大理石或水泥假斩石等作岸石。当岸石与地面平时，应注意勿使土壤流入池内，可将池周地面稍向外倾。有时在适当位置上，将岸石部分放宽，以便摆放花钵或雕塑。

④给水　池中必须经常贮满水，并需为流动之水，水池内排出及蒸发的水分，应能随时补充，方不损池景之美。水的来源有自来水及沟渠水两种。给水管可设于池的中央或一端，有时作成喷水、壁泉等形式流出。

⑤排水　为使过多的水或陈腐的水排出，应有排水设备。排水口有两种：一为水平排水，一为水底排水。水平排水为保持池水的一定深度而设，入水量超过水平排水口时，则水自动从该排水口溢出；为防树叶杂物流入管内阻塞，可考虑附设过滤网。水底排水，是在清理水池时，需将池水全部排出，排水口设置于池底最低洼处。水底排水与水平排水，可联合设置。排水管及给水管，应在池底水泥未造就

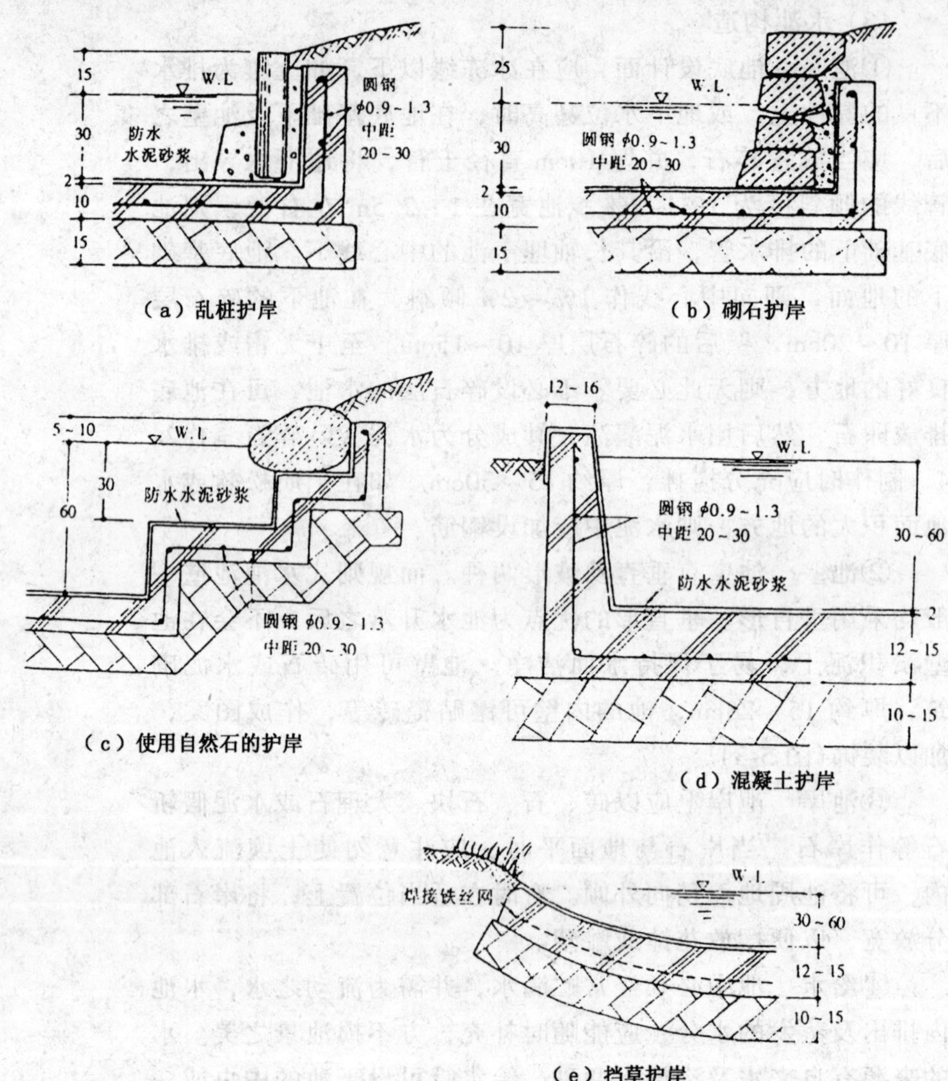

图 5-3 池壁构造(单位：cm)

前，即应先埋入，以避免破坏景观效果。

⑥设置水下照明 配置水下照明时，为防止损伤照明器具，池水需没过灯具 5cm 以上。因此，池水总深应保证达到 30cm 以上。另外水下照明设置应尽量采用低压型。

2. 喷泉

机关单位庭院绿化中的喷泉，通常布置在门区的广场中央或主建筑物前。常与水池、彩色灯光、雕塑、花坛及音乐等组合成景。

喷泉的形式多种多样，有直喷、斜喷、塔喷、柱喷、单喷、群喷等。其水姿变换莫测，如蜡烛形、蘑菇形、冠形、喇叭花形，以及喷雾形等。美国西雅图水能研究所轮形喷泉，水体沿环形不锈纲管的若干喷口喷出，形成雕塑形的水柱，显示水作为基本的自然力和水能研究的意图(图 5-4)。

图 5-4　轮形喷泉

——引自《建筑与水景》

(1) 喷泉的设计要点

① 喷水的水姿和高度因喷头形状及工作水压而异。而且喷头所设置位置不同，如水上或水下，其出水形态也会有所不同。在设计前应就所选用的喷头产品向厂家做充分的咨询。

②喷泉易受风吹影响而飞散，设计时应慎重选择喷泉的位置及喷水高度。

③应使用过滤网等过滤设施，以防收入尘沙堵塞喷头。

(2) 喷泉的构造(图 5-5)

①给水系统　给水系统视水源、设备费、维持费及喷水规模而定。

②排水管及溢水口配管　一般给水管直径在 2. 5cm 以上，排水管直径在 6. 5cm 以上，溢水管在 4. 0cm 以上为适当。水管的配置并无特别规定，依总水量而言，管径小时，

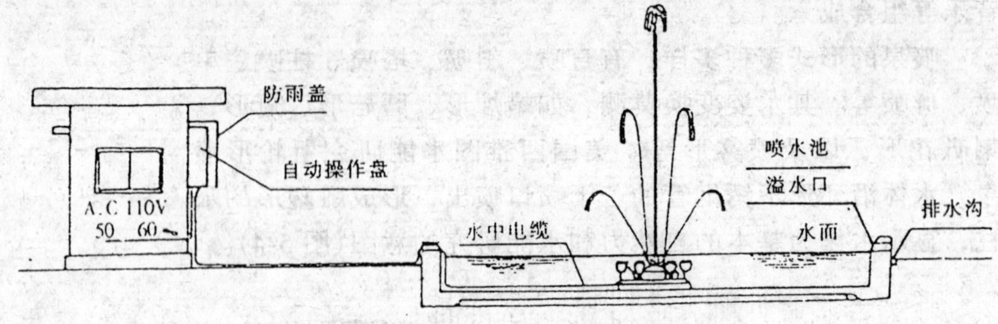

图 5-5 喷水池主要设备

水池的清扫或给水时间加长。面积大的水池，溢水管的数量要增加，以保持一定的水位。

③喷泉装置的电源及照明 喷泉使用的电源以 110V 或 220V 为主，大型喷泉装置宜采用 220V，马力大小则与喷泉的数量及水量有关，应详加计算。

水中照明可分开放型、密闭型两种，色彩则显现于灯泡或灯罩。一般为 110V—100W、150W、200W、300W。灯泡的耐久寿命一般为 1000～2000h。

④附属物 喷泉处当有水池来漾水，其形状可任意变化。一般水池半径应等于喷泉的高度，否则风力稍强时，所喷之水即飞扬至池外，有碍行人通行、观赏等。决定喷泉的造型后，应决定水池的构造，其形状、大小应随周围环境及表现目的而不同。喷泉池需要保持一定的水位高度，给排水及溢水口的预留，自然蒸发水量的补充及循环系统用蓄水池的装置，均应加以考虑。

水池的深度，与水中马达及水中照明有关，一般水中照明支架设置深度以 30cm 为宜，上缘在水面 5～10cm 深度为宜，故水深在 50cm 以上为准。

3. 瀑布

瀑布的水位有高差变化，常成为自然式庭园中的设计焦点。瀑布按其跌落形式常被赋予各种名称，如丝带式瀑布、幕布式瀑布、阶梯式瀑布、滑落式瀑布等。

(1) 瀑布的设计要点

①如采用平整饰面的白色花岗岩作墙体时需注意，因墙体平滑没有凹凸,不易使人察觉瀑身的流动,影响观赏效果。

②利用料石或花砖铺砌墙体时，应采用密封勾缝，以免墙体“起霜”(图 5-6、图 5-7)。

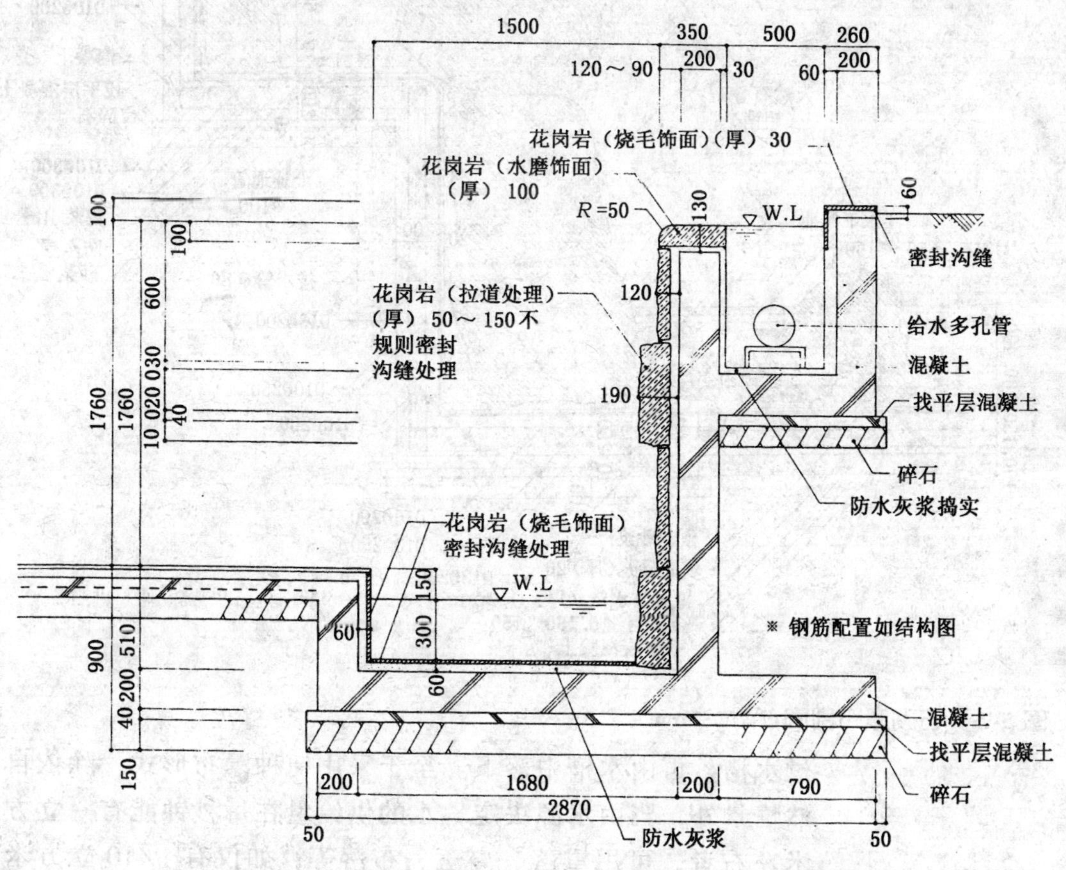

图 5-6　砌石瀑布剖面(单位：mm)

③如在水中设置照明设备，应考虑设备本身的体积，将基本水深定在 30cm 左右。

④在高差小的瀑布落水口处设置连通管、多孔管等配管时，应考虑添加装饰顶盖。

(2) 瀑布的构造

①水槽　不论引用自然水源或自来水，均应于出水口上端设立水槽贮水。水槽设于假山上较隐蔽的地方，水经

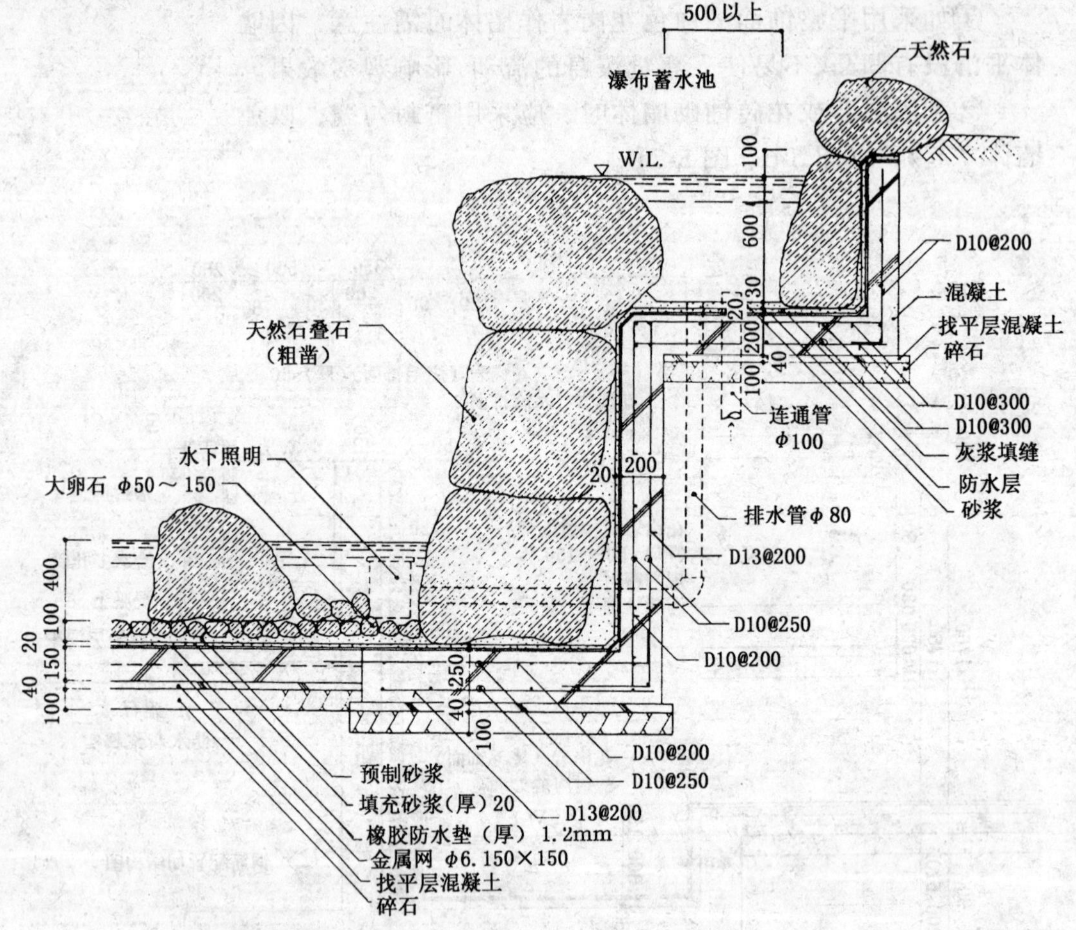

图 5-7　石砌瀑布剖面(单位：mm)

过水槽，再由水槽中落下。至于采用何种瀑布形式，除依自然情景外，当由水源决定，水的供给量在每秒钟能有一立方米左右者，可用重落、离落、布落等；如仅有 1/10 立方米的水量，可用传落、丝落等。

②出水口　出水口应模仿自然，不可设于假山的最高处。应在出水口处，用树木及岩石加以隐蔽。出水口的左右两端应稍高于出水口的水面。

③瀑布面　瀑布水面，高与宽的比例，以 6∶1 为佳。落下的角度，当视落下的形式及水量而定，最大为 90°直角，最小不得低于 1/10。瀑布面内可装饰若干植物，在瀑布面外的上端及左右两侧则宜多栽植树木，使瀑布水色更为壮观。

④蓄水池及水流，瀑布流下处，大型瀑布当设深潭，小型者设蓄水池，池中散布石块，种植水草。承接瀑布的蓄水池内水量及循环速度则由水泵调节。因此，为便于调节水量，应选用容量较大的水泵(图 5-8)。

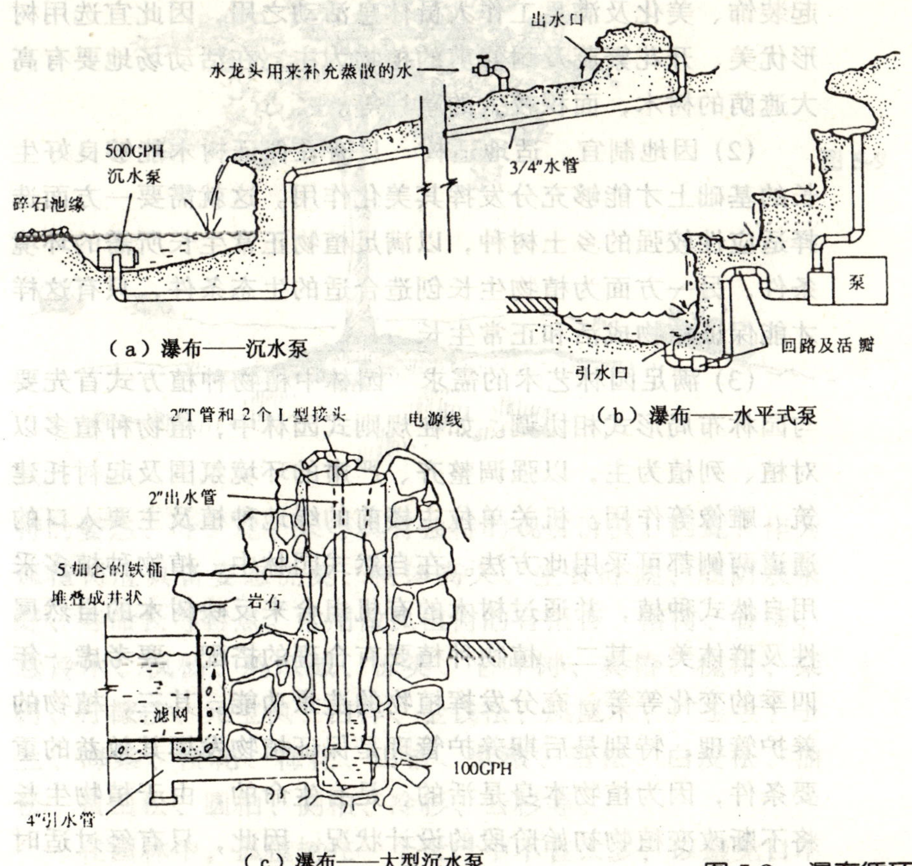

图 5-8 瀑布循环水流系统

（三）植物材料的合理利用

植物材料在园林绿地中作为观赏、组景、分隔空间、遮荫、覆盖地面、防护等素材起着要素不可替代的作用。所谓植物材料的合理利用就是指园林植物的种植设计要根据园林布局的要求，按植物的生态习性和生物学特性合理的搭配园林中的各种植物(包括乔木、灌木、藤本、花卉、草皮和地被植物等)最大限度地发挥其保护环境和改善环境的功能及

其周围的植物应以低矮的花灌木或地被为主，以形成烘托和对比。

如果机关单位内部有可利用的古树或大树要加以利用，做到因地制宜，巧于“因借”，作为孤植树最好选用超级大苗，吊装栽植，这将有助于早日实现艺术效果。

(2) 对植　对植是指两株或两丛相同或相似的树，按照一定的轴线关系，做相互对称或均衡的种植方式。主要用于强调建筑、公园、道路、广场的出入口，构图上形成配景和夹景。在规则式种植中，一般采用树冠整齐的树种，而一些树冠过于松散、扭曲的树种则需使用得当，种植点既不要妨碍出入交通和其他活动，又要保证树木有足够的生长空间。一般乔木距建筑物墙面要有 5m 以上的距离，小乔木和灌木可酌情减少，但不能太近，至少在 2m 以上。在建筑物门前，如地方有限，可利用桶栽植物进行对植布置，在机关单位的大门入口处及主楼入口两侧常采用此方法。

(3) 丛植　丛植是指由二三株至一二十株的同种或异种乔木或乔灌木组合种植而成的种植类型。树丛是园林绿地中重点布置的一种种植类型。丛植不仅反映树木群体美的综合形象，同时还能很好地展示其个体形象。所以一方面要很好地处理株间、种间的关系，了解个体的生物学特性及个体之间的关系，以确保植株的健康生长及树丛的稳定。另一方面，在选择单株树木时，以具有较高观赏价值的树木为主。如有良好的姿态，花繁叶茂等特点。

树丛常有以下几种基本形式(图 5-10)：

在两株配合时，应注意选择树种相同且在姿态上、动势上、大小上有显著差异者为好，种植时忌在其之间距离恰与两树冠直径的 1/2 相等。必须靠近，以展示一个整体形象。对于不同种的两株树其外形相似时也可配植在一起。

3 株、4 株、5 株树配置方法见图 5-10 即可。

(4) 群植　群植是指由多数乔灌木(一般在 20～30 株以上)混合成群栽植而成的类型。树群主要表现植物的群体美，树群的规模不宜太大，树群的组合方式宜采用郁闭式，

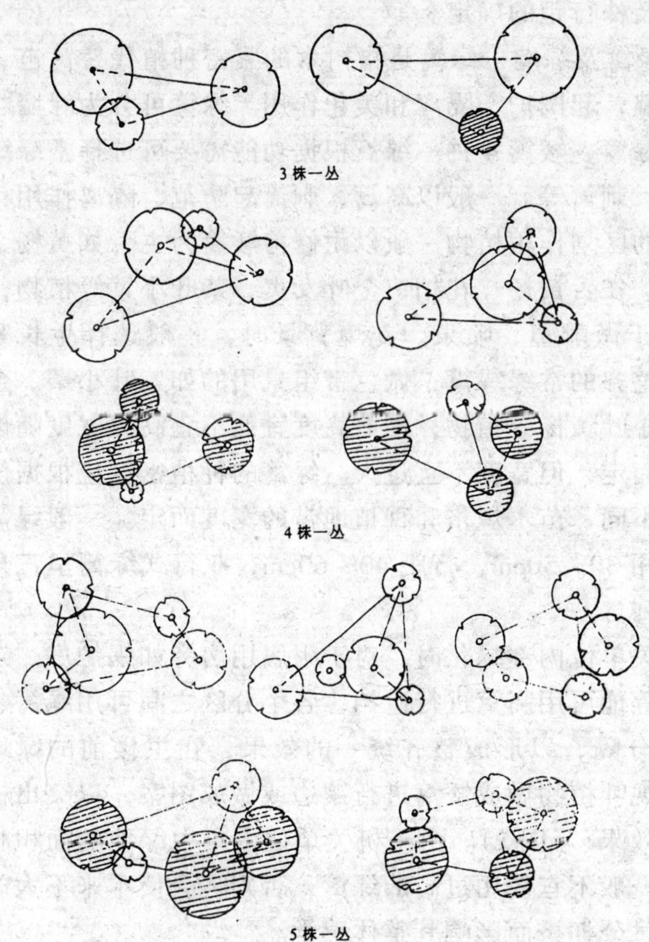

图 5-10 树丛的基本形式

——引自《居住区园林绿地设计》

成层的结合，并突出不同种类植物的主要观赏部分。忌成行、成排、成圃地栽植，新栽的幼树之间必须留出适当的间隔，使其有生长空间，树群的外貌要有高低起伏的变化，要注意季相变化。

(5) 列植　列植即行列栽植，是指乔灌木按一定的株行距成行成排的种植方式。行列栽植能形成比较整齐、统一的效果，它是规则式园林绿地中如道路、广场、办公楼绿地中应用最多的基本形式。行列栽植宜选用树冠、体形比较整齐的树种，如槐树、银杏、馒头柳等(彩图 34)。栽植距离视绿地的主要功能及苗木大小而定。在行列栽植时，要处理好地上、地下各种管线及各种障碍物的关系，因地制宜地做好树种选择及株行距的确定。

(6) 绿篱及绿墙　绿篱是指树木的紧密种植代替篱笆、栏杆、围墙，起围护、隔离和美化作用。绿篱可分为绿墙、高绿篱、绿篱、矮篱4种。绿篱根据功能需要可选择常绿绿篱、花篱、刺篱等。一般以高篱、刺篱起防范、隔离作用；做装饰性的区划作用植物一般以耐修剪矮篱为主，如黄杨、大叶黄杨、雀舌黄杨、花柏、金叶女贞、紫叶小檗等植物；当绿篱用于做雕塑、喷泉、花境背景时，一般选择生长紧密、修剪整齐的常绿绿篱；做色带组景用的如紫叶小檗、金叶女贞、小叶黄杨等植物，修剪高度宜低不宜高，宽度随设计的纹样而定，但宽度不宜过大。绿篱的种植密度应根据使用的目的不同、苗木规格和种植地带的宽度而定。一般绿篱株距可采用30~50cm，行距40~60cm，双行式绿篱呈三角形交叉排列。

在机关单位内部绿化时，对于附属用房旁如锅炉房、杂物堆放处等地可用高篱进行遮挡，各个分区之间可用绿篱、花篱等做分隔，以形成整齐统一的效果，在主楼前的绿地中，可用观叶植物做成矮篱进行镶边或做成图案，以突出植物造景的效果(彩图2)。由于机关单位内集中绿地的面积相对较小，一般不宜使用过高的绿篱，否则将会使本来不大的空间显得过分拥挤而影响其整体感觉。

(7) 垂直绿化　垂直绿化是利用藤本植物绿化高大建筑物的墙面、棚架、山石等的一种绿化形式。此绿化形式占地面积小，对于一些绿地面积较小的机关单位较适宜。有时为了防止西晒也可使用此方法。在采用此方法绿化墙壁时，应注意不要影响室内采光，在建筑物阴面应选耐荫的藤本植物。

常用做垂直绿化的植物有紫藤、凌霄、爬山虎、五叶地锦、常春藤、猕猴桃等(彩图5)。

(8) 园林花卉的使用　花卉是园林绿地中经常用做重点装饰和色彩构图的植物材料，它是园林景观不可缺少的成分，由机关单位内的大门及办公楼入口处、建筑物前广场的集中绿地构成的中心，道路转弯处都可用花卉来装饰(彩图1)。但是花卉是一种费工费钱的植物材料，且寿命较短，观赏期有限，而且需要精心养护。因此，在使用时要从实际出发，在条件有限的情况下可以结合重大节日，临时摆放。

花卉植物材料通常栽植在花坛中或布置成花境的形式。

花坛设计要点如下：

①花坛布置的形式与周围环境的统一　花坛在园林中不论是做主景还是配景，都应与周围环境尽可能协调。在机关单位内主建筑物前，园林绿地一般采用规则式布局。因此，如布置花坛的话，就应该采用几何形体的形式。当花坛做为主景时，不论是花坛的大小、高度和植物的色彩都应突出一些。当花坛作为雕塑、喷泉的配景时，花坛的高度要降低，花卉的色彩和图案都要起陪衬作用，不能喧宾夺主。

②花坛的植物选择　花坛内的植物材料因花坛类型及观赏时期的不同而异。花丛式花坛以色彩构图为主，故应用1、2年生草本花卉(彩图23)，也可用一些球根花卉。要求开花繁茂、花期一致、规格一致、花期较长等特点。常用的花卉品种有金鱼草、雏菊、金盏菊、翠菊、鸡冠花、石竹、矮牵牛、一串红、万寿菊、三色堇、百日草等。

③花坛床地的土壤应符合栽培植物的需要，花坛内的种植土厚度视植物种类而异，种植1年生花卉为20~30cm，多年生花卉及花灌木为40cm。花坛栽植床一般都高于地面7~10cm，为了防止花坛土壤因冲刷流出而污染路面，花坛边缘用砖、卵石、大理石等围边。

花池是种植床和地面高程相差不多的园林小品设施(图5-11)，在机关单位内也常常使用，池中也是花卉植物种植的场所，池中还可布置花木、山石。

花境是以多年生花卉为主，沿围墙或绿篱前的带状栽植形式(彩图37)。花境所选用的植物材料，以能越冬的观花灌木和多年生花卉为主，要求四季美观又能季相交替，一般栽植后3~5年不更换，花境表现的主题是观赏植物本身所特有的自然美以及观赏植物自然组合的群体美，所以构图不

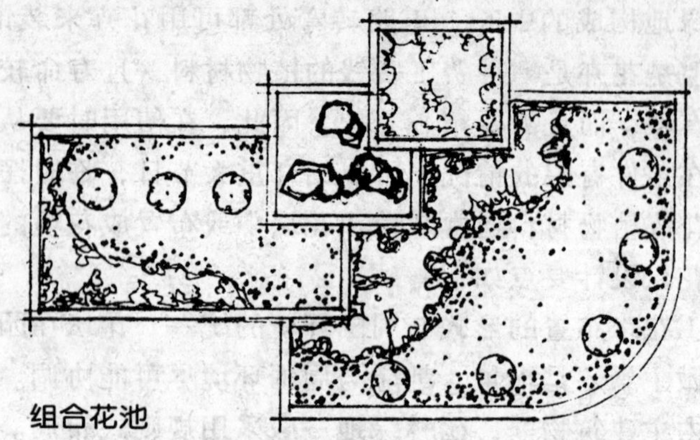

图 5-11　组合花池

着重平面的几何图案。机关单位入口的对景部分、道路两侧的围墙边，绿篱前等都可使用花境来装饰。

(四)人工设施

在园林绿地中，园林建筑、建筑小品、园林雕塑及园路、园林广场等都具有双重功能。既能满足使用功能，又能满足人们游览、观赏的需要。因此，它们与山、水、植物同样是园林中重要的组成部分。下面介绍机关单位内部常用的一些人工设施：

1. 凉亭、花架、长廊

(1) 亭子的体量随宜，大小自立。既可作园林主景，也可形成园林局部小品。亭子的位置选择极为灵活，可独立设置，也可依附于其他建筑而组成群体，更可结合巨石，大树，得其天然之趣，充分利用各种奇特的地形基址，创造出优美的园林意境。亭子在装饰上繁简皆宜，可谓“淡妆浓抹总相宜”。亭子的形式多种多样(图 5-12)。

(2) 花架可与植物相互结合，兼有人工与自然之美；长廊在庭园中，除能提供遮荫蔽雨、休憩之外，还能与花架同样具有透景、隔景、框景等分隔空间的作用，使庭园空间层次丰富多变。

花架的形式有单片式花架、独立式花架、直廊式花架及组合式花架(图 5-13)。

长廊的形式也有多种(图 5-14)。

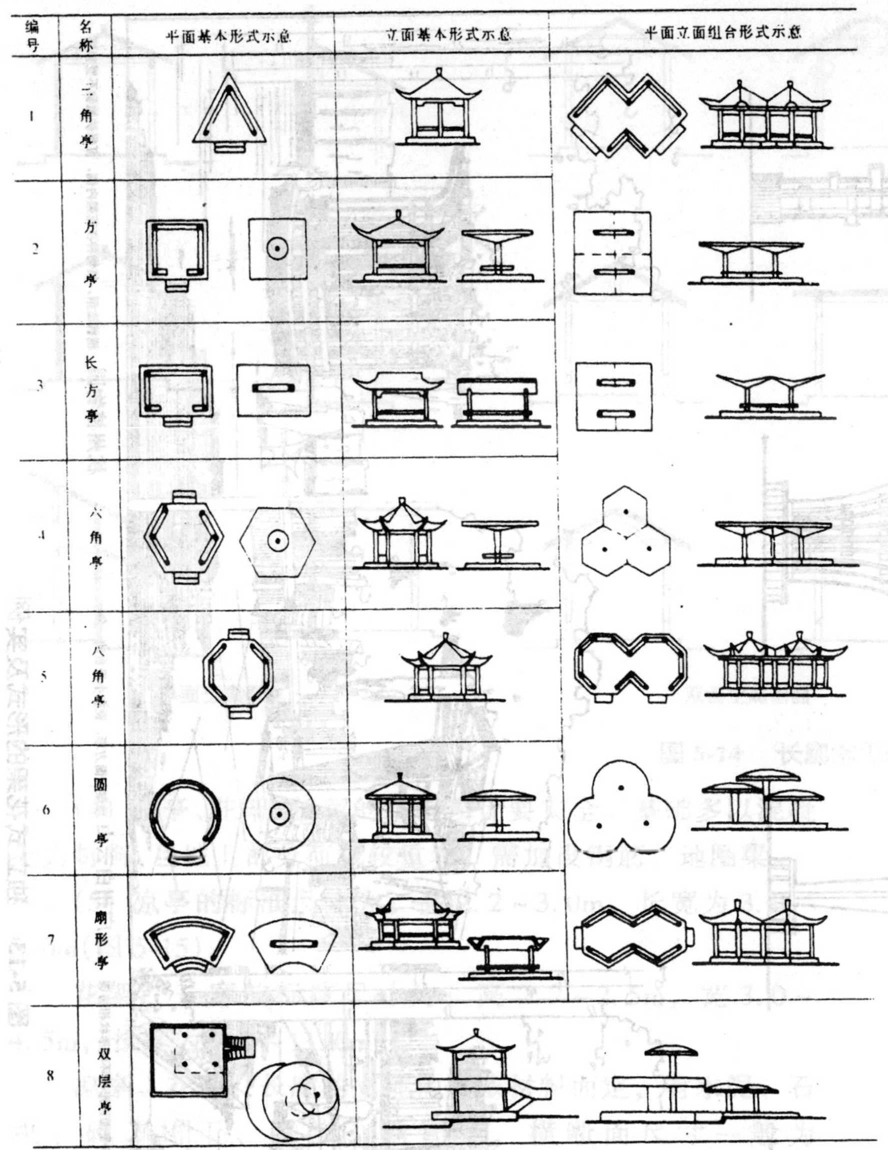

图 5-12　亭子的各种形式

(3) 设计时应注意，凉亭、花架、长廊的形式、尺寸、色彩、题材等都应与所在的庭园、广场相适应、协调。由于大部分机关单位都是现代化的建筑。因此，亭、廊、花架的形式及色彩除了与周围环境取得协调外，还要有所突破和创新。

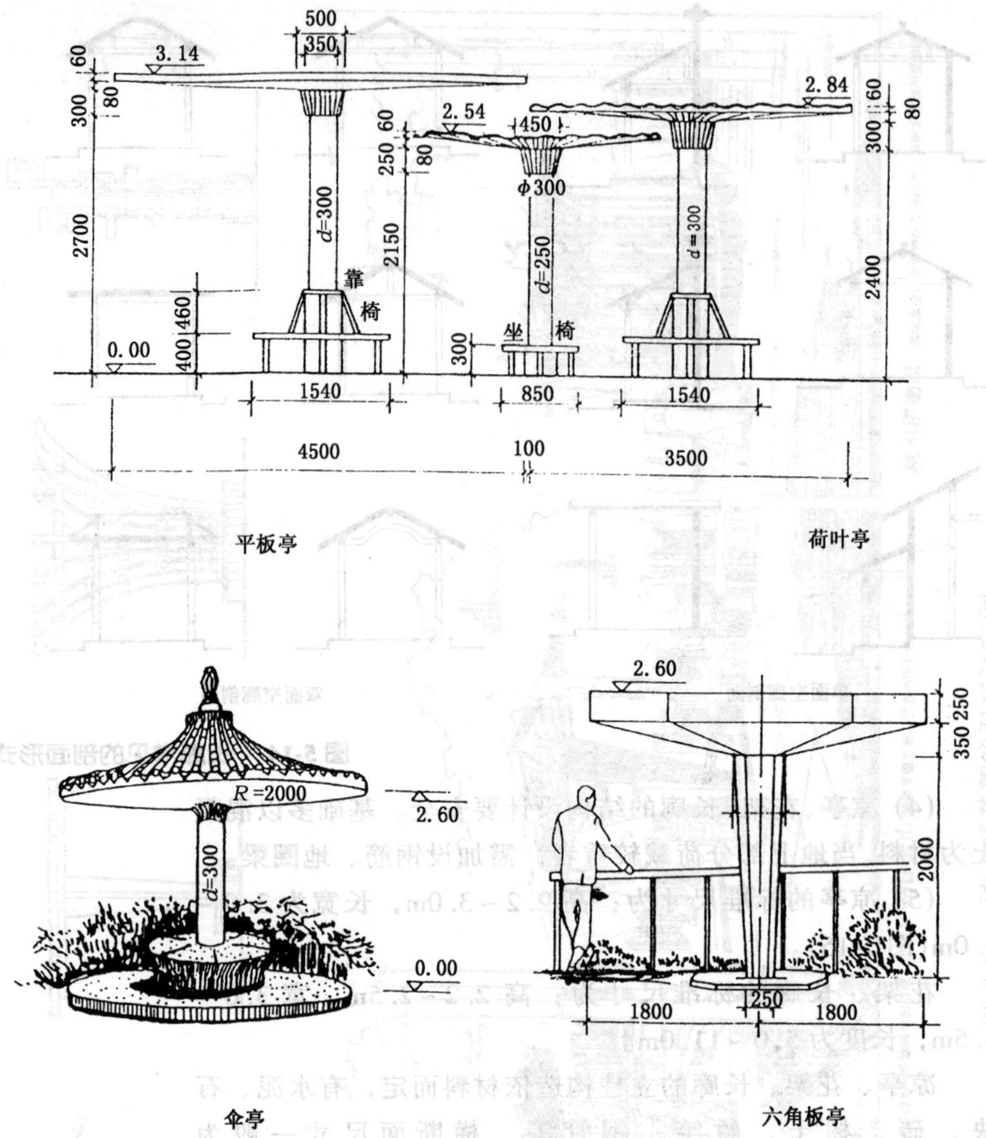

图 5-15　亭子实例(单位:除标高为 m 外,其余均为 mm)

物、遮蔽视线、装饰美化等作用。

景墙常用的形式有云墙、梯形墙、白粉墙、水花墙、漏明墙、虎皮石墙、竹篱墙等(彩图 37)。在庭园中将这些形式多样的景墙巧妙地组合,并结合树、石、建筑、竹丛、花木等其他因素以及墙上的漏窗、门洞、雕花刻木的巧妙处理,就会形成一组组空间有序、富有层次、虚实相衬、明暗变化的景观效果。

在机关单位内，景墙的应用可结合大门与围墙的设计及主建筑物空间与附属房间之间的隔离，小游园中局部景观等进行综合处理。景墙的形式根据材料、断面的不同及环境的变化有高矮、曲直、虚实、光洁与粗糙、有檐与无檐等不同。在机关单位内部使用景墙，应重点考虑其使用功能，尽量做到功能与形式的统一。

景窗又称透花窗，它既可分割空间，又可使墙两边的空间相互渗透，似隔非隔，若隐若现，达到虚中有实，实中有虚，隔而不断的艺术效果。而景窗自身又可成景，窗花玲珑剔透，造型丰富，装饰性强，在庭园中起点睛的作用。

景窗一般有空窗和漏窗两种形式。空窗是指不装窗扇和漏花的空洞，它除采光外，常用作景框，其后常设石峰、竹丛、巴蕉、花木等而形成框景，同时透过空窗可增加景深，扩大空间作用。漏窗是在窗洞中设有能使光线通透的花格。漏窗本身就是一景，且透过漏窗看景物，常获得美妙的景观效果(图 5-16)为漏窗实例。

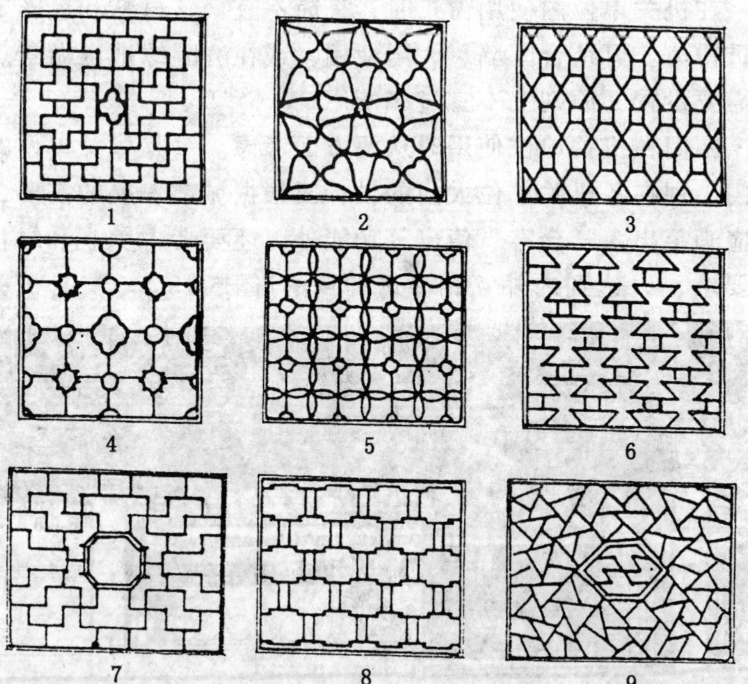

图 5-16　漏窗实例

1. 宫式万字　2. 葵花
3. 套六角　4. 海棠灯景
5. 瓦花灯景　6. 穴胜
7. 宫式万字　8. 条环
9. 冰纹式

从构图上看，窗景的形式大致可分为几何形和自然形两大类，几何形多用砖、木、瓦等制作，自然形多用木制或铁片。现多用钢筋混凝土及水磨石制作(图 5-17)。

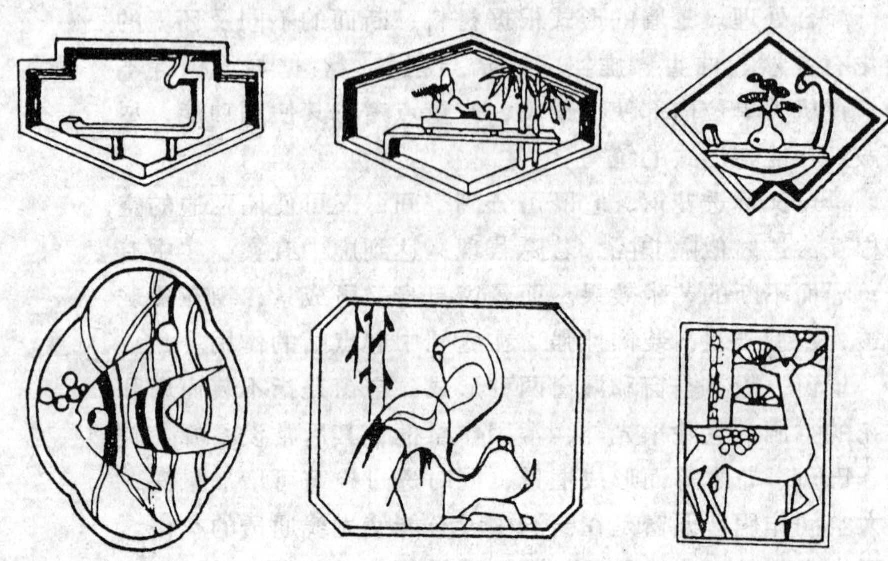

图 5-17　窗　景

在机关单位内使用窗景时，宜简不宜繁，材料和色彩要稳重得体。可结合围墙、大门使用，或在庭园绿地内做景点的需要设置，原则上不宜过多使用。

园门在机关单位使用时从两方面考虑。一是机关单位的大门。现在各机关单位大门的设计要根据城市发展的需要，除应满足出入、会客、值班等功能外，还要考虑美观和绿化的要求，以达到内外互相渗透的目的(图 5-18)。二是机关

图 5-18　机关单位大门设计立面图
——引自《建筑小品实录 2》

单位内部小游园的入口及各使用空间分隔时用的园门，这种园门设计常追求自然、活泼，门洞的形式多用曲线、象形的形体和一些折线的组合。在空间体量、形体组合、细部构造、材料及色彩选用等方面，应与庭园环境相协调。另外，还应注意实用性要求，如需要车辆通过时，要考虑门的高度和宽度。使景观效果与实用功能相结合(图 5-19)(彩图 38)。

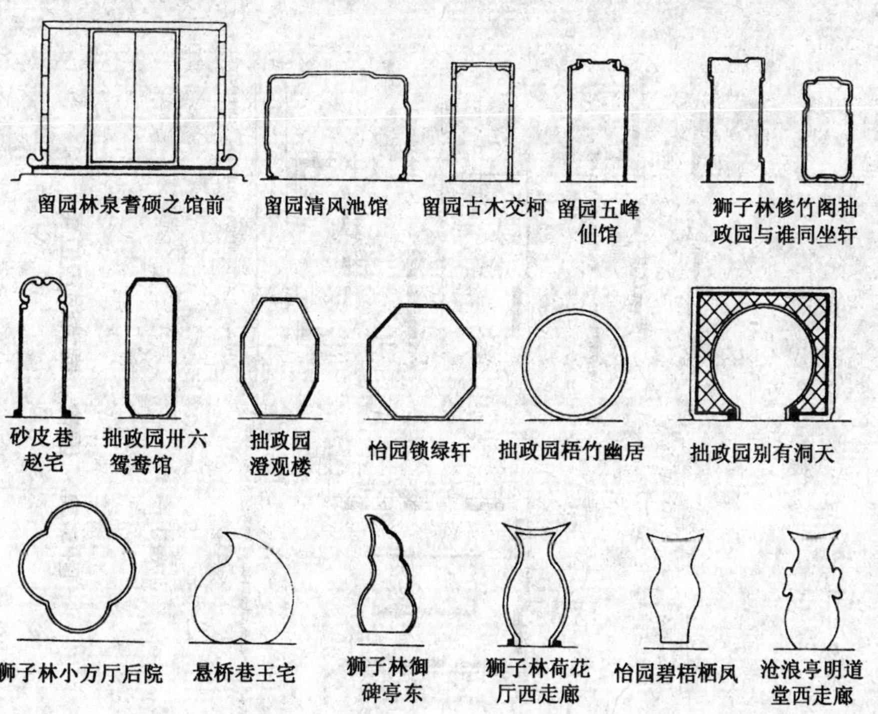

图 5-19　各种形式的园门实例

——引自《园林规划设计》

3. 园桌、园椅

园桌、园椅是园林绿地中常备的供游人休息、赏景的设施，同时又可成为园林中的装饰小品，具有增加园林意境的表现力。

(1) 设置　园桌、园椅的设置应结合环境总体规划来进行设计，可布置在有景可观、安静休息或需要停留的地方，而且在设置时应考虑无碍人流交通，如在铺石地、道路旁、

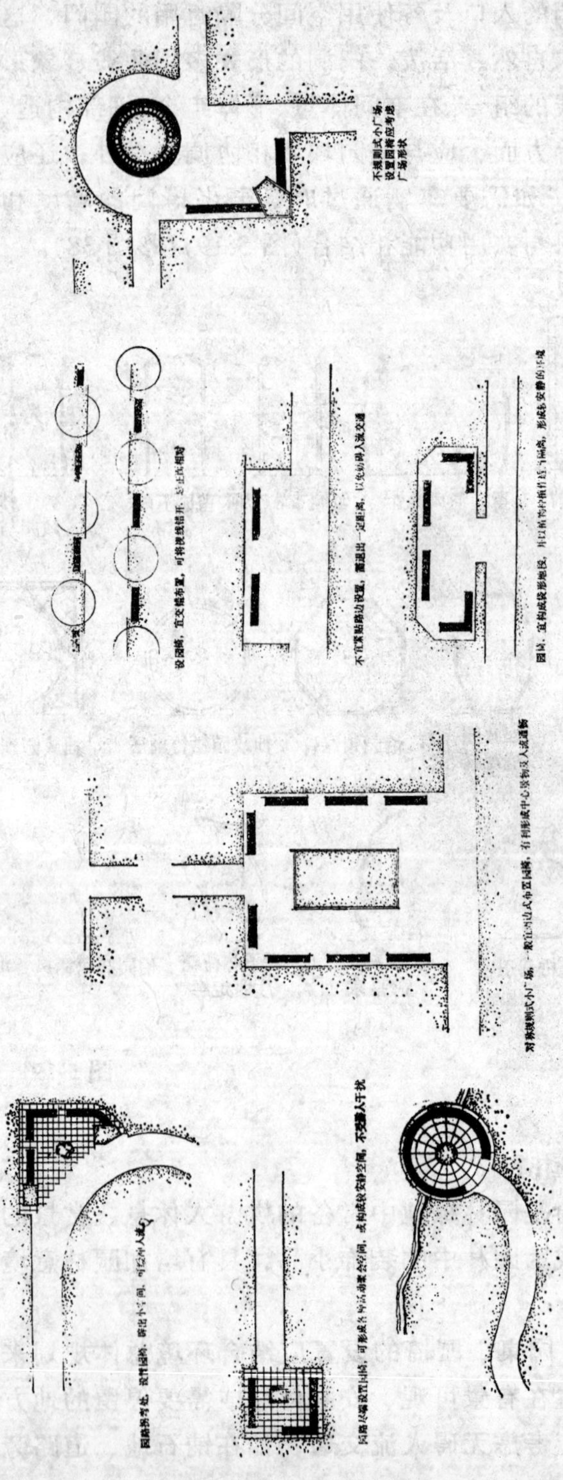

图 5-20　园椅、园凳设置位置

水岸边、大树下等处设置(图 5-20)。椅前落脚处应置踏板，以便防止地面被采坏，形成坑洼而积水。

园桌、园椅设置的位置还应考虑地区的气候和季节需要。如在湿热地区，应把园桌、园椅、园凳放于通风良好的地方；在干热地区，应布置于荫凉之处；在浓雾弥漫的地区，应布置于阳光充足的场地、草坪，以求更多的日晒时间。在季节方面，考虑冬季因素时应设置在背风向阳处；夏季应设置在通风荫凉处。

在机关单位内设置这些设施时，因数量比较少，更应该注意它的可用性，以提高利用率。

(2) 园椅种类　园椅的种类很多，有单人坐凳，2~3人用普通长椅(带靠背)、多人用坐凳、凭靠式坐椅。

从设置方式上划分，除普通平置式、嵌砌式外，还有固定在花坛绿地挡土墙上的坐椅，以及设置在树木周围兼作树木保护设施的围树椅等形式。

园椅的种类如表 5-1。

表 5-1　园椅种类

<table>
<tr><th colspan="3">分类</th><th>说明</th></tr>
<tr><td rowspan="7">材料</td><td rowspan="5">人工材料</td><td>金属类</td><td>一般铁制品较多,铁筋、方铁管、铁管。质感甚重,引用隔条透空作法</td></tr>
<tr><td>陶瓷品</td><td>黏土制造,可加火烧成各式造型美观、色彩鲜艳的陶瓷坐椅</td></tr>
<tr><td>塑胶品</td><td>冷胶、玻璃纤维、塑钢等</td></tr>
<tr><td>水泥类</td><td>混凝土制造</td></tr>
<tr><td>砖材类</td><td>利用砖块堆砌成</td></tr>
<tr><td rowspan="2">自然材料</td><td>土石</td><td>石板、石片等</td></tr>
<tr><td>木材</td><td>原木、木板</td></tr>
<tr><td rowspan="5">外形</td><td colspan="2">椅形</td><td>后有靠背,两侧有扶手</td></tr>
<tr><td colspan="2">凳形</td><td>四面无依靠者</td></tr>
<tr><td colspan="2">鼓形</td><td>下面没有凳脚,形状规则</td></tr>
<tr><td colspan="2">不定形</td><td>形状没有一定,如天然石块及树根</td></tr>
<tr><td colspan="2">兼用形</td><td>利用池边缘、花坛边缘及台阶、雕塑台或其他设施兼作坐椅</td></tr>
</table>

(3) 园椅构造设计　这些设施力求造型美观，舒适耐用，构造简单，易于清洁，基本尺寸应满足人体的需要。

一般园椅的尺寸为：坐面高 38～40cm，坐面宽 40～45cm。标准长度为：单人椅 60cm 左右，双人椅 120cm 左右，3人椅 180cm 左右。靠背园椅的靠背倾角为 100°～110°。

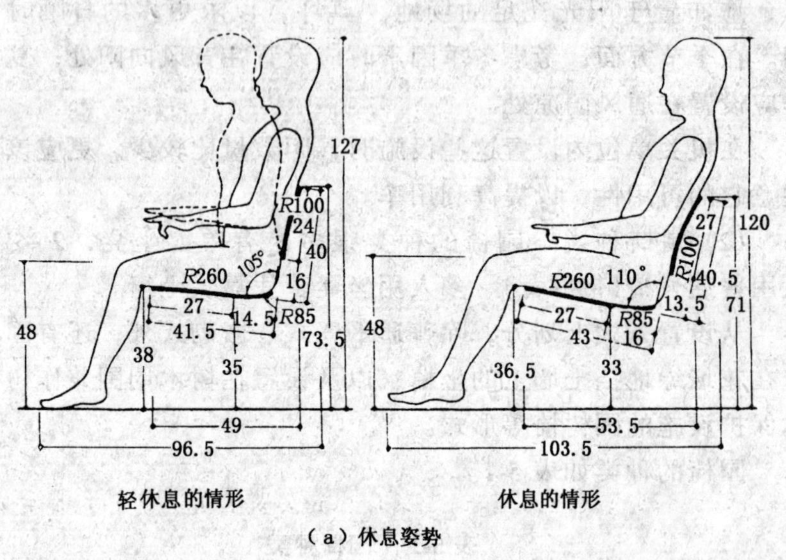

（a）休息姿势

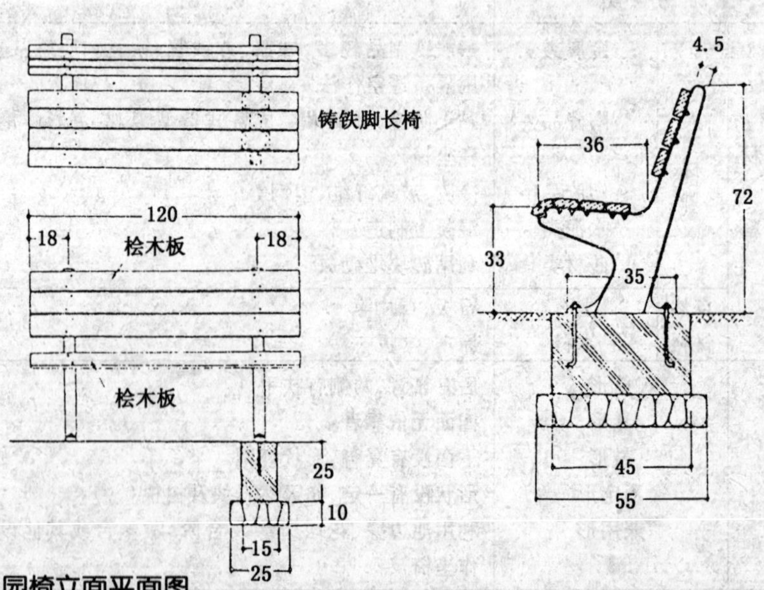

（b）园椅立面平面图

图 5-21　休息姿势及园椅立面平面图
(单位:cm)

另外，园椅结构要坚固。坐板应设 2 块，板厚 3cm 以上，坐板间的缝隙在 2cm 以下(图 5-21)。

4. 雕塑

园林雕塑主要是指园林中具有观赏性的小品雕塑，可配合园林庭园构图，组成一幅可视性较高的景观。

雕塑一般分为简洁抽象的形体和细腻的具体形象。简洁抽象的形体给人以无限的遐想，而细腻的具体形象给人一种真切，贴近的艺术感受。雕塑从功能性质可分为 3 类：纪念性雕塑、主题性雕塑和装饰性雕塑。

雕塑可配置在规则式园林的广场、花坛、林荫道上，也可点缀在自然式园林的山坡、草地、池畔或水中。雕塑的取材与构思应与环境的主题相协调，如坐落在天津市马场道上的天津市农林局门前的群马雕塑(彩图 39)。园林雕塑的布置还应有良好的观赏距离与角度，雕塑与所在的空间大小，尺度要有恰当的比例。并需考虑雕塑本身的朝向、色彩及背景关系。使雕塑与园林环境互相衬托，相得益彰。

在机关单位内设置雕塑时，通常结合主楼前的绿地和水池布置，雕塑的形式要反映本单位的特点或与之相关的内容，造型简洁大方，稳重得体。

5. 地面铺装

机关单位内的道路设计直接影响到道路的走向是否通畅，不同空间、区域的区分是否合理，而且还影响到机关单位内部的水、电、管网的布置。

机关单位内的地面，除铺设草皮外，都需做铺装处理。

(1) 地面铺装的作用　首先铺装地面可以提供高频度的使用，不需要太多的维护；其次铺装地面还可以起到引导、识别方向、造成空间变化的作用；同时形式多样、色彩丰富的铺装材料还起到了美化环境、丰富景色的作用(彩图 40、彩图 41)。

(2) 地面铺装的设计原则　为了使机关单位内的铺装地面美观、实用且与建筑、绿地相互协调，在设计上应注意以下几个方面：

①在一个有限的区域内，避免使用太多种材料，以保持统一性。否则太多种不同材料容易造成混乱迷惑的感觉。在机关单位内主要材料应遍布于设计中的不同地点。

②除没有明确的目的或特殊的意图外，铺装材料不可轻易变更，特别是在同一平面的铺装应该一样。换句话说，相临的两个不同铺装地面，需用高低不同的平面隔离开，才能显示出两种铺装地面形式上的特点。如没有办法安排高低变化，则可利用中间性质的铺面材料做为过渡媒介，否则会造成生硬的变化。

③所用铺装材料应满足不同的使用功能，因为每种铺装材料都具有不同的承压限度。因此，不同的地点即不同用途的场地选择的铺装材料应有所不同。只有这样，才能保证材料的合理使用。

④地面铺装要与周围建筑、植物、灯光等相协调，创设出和谐的环境氛围。在机关单位内选用的铺装材料，线条要简洁、大方、稳重，忌与建筑、植物争地位。

(3) 铺装路面构造设计

①整体铺装路面　为一种较持久且耐用的路面，主要适用于机关单位的主要干道和通车的路面及停车场。常用材料为现浇混凝土及沥青。

现浇混凝土路面普通用 1∶3∶5 或 1∶2∶4 的混凝土，厚度 10cm。如在交通流量大的地方，则应分成两层，下层比例 1∶3∶5 或 1∶2∶4，厚 10cm，上层再加 1∶3 的水泥砂浆，形成水泥路。为避免发生龟裂，应每 3m 设一隔板预留伸缩缝。

沥青路面一般采用灌油法。路基辗压后，可灌第一层沥青，其量为 9.08kg/m^2，沥青温度在 177℃，乘未冷却前，布撒卵石及碎石层。滚压后可浇灌第二层沥青，其量约 4.54kg/m^2，乘热撒上碎石屑一层，再加辗压。

② 块状路面　包括预制混凝土块、块石、片石及碎石、砾石镶嵌等路面(彩图 42)。

在机关单位内，常将预制混凝土块路面布置在不经常过车的人行道上。在庭院内铺设混凝土块，如以沙土作底层，

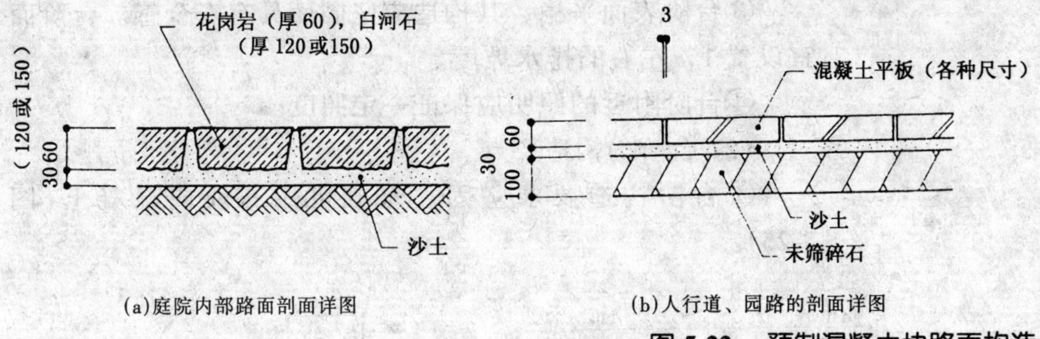

图 5-22　预制混凝土块路面构造

接缝间距为 5～10cm，在接缝中种植结缕草等，就可变成透水性路面。混凝土块路面构造图(图 5-22)。

其他的块状路面可结合庭园或局部小路使用，主要适用在零散不整形地段，图 5-23、图 5-24 为路面构造图。

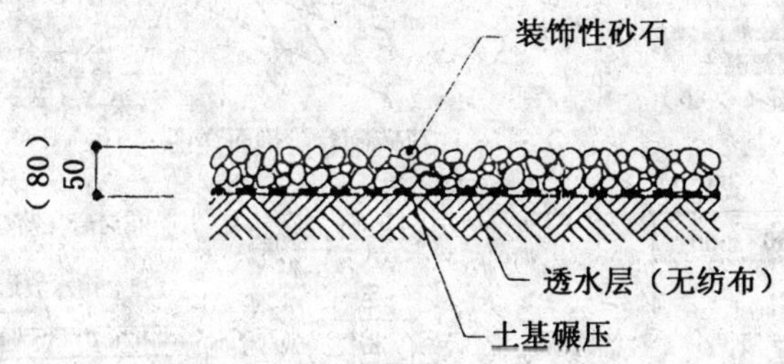

图 5-23　装饰性砾石铺面道路的构造

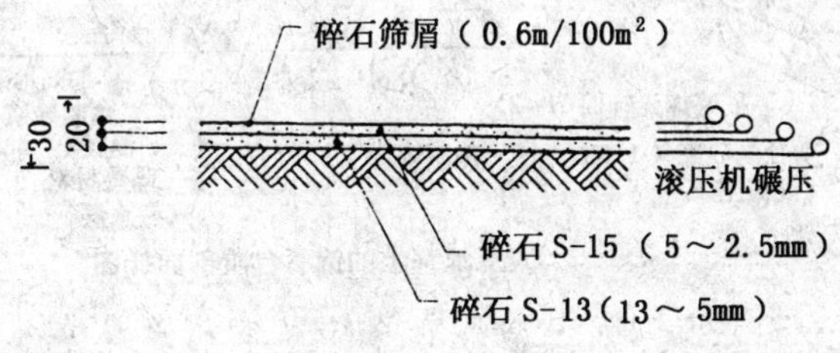

图 5-24　碎石路面构造

6. 台阶

台阶为园路的一部分,故台阶的设计应与园路成为一体。

(1) 台阶的设计原则

①台阶设计要能与所在地的环境及道路相协调，所采用的材料与式样应根据环境及道路来决定。

②台阶两端可配置矮墙、栏杆、花钵、树丛、假山等。

③台阶表面平稳，其构造应坚固而具有安全感。台阶面宜设置1%左右的排水坡度。

④台阶附近的照明应保证一定照度。

(2) 台阶的构造要点

①台阶构造要求坚固，基础可用石块或混凝土(图5-25)。

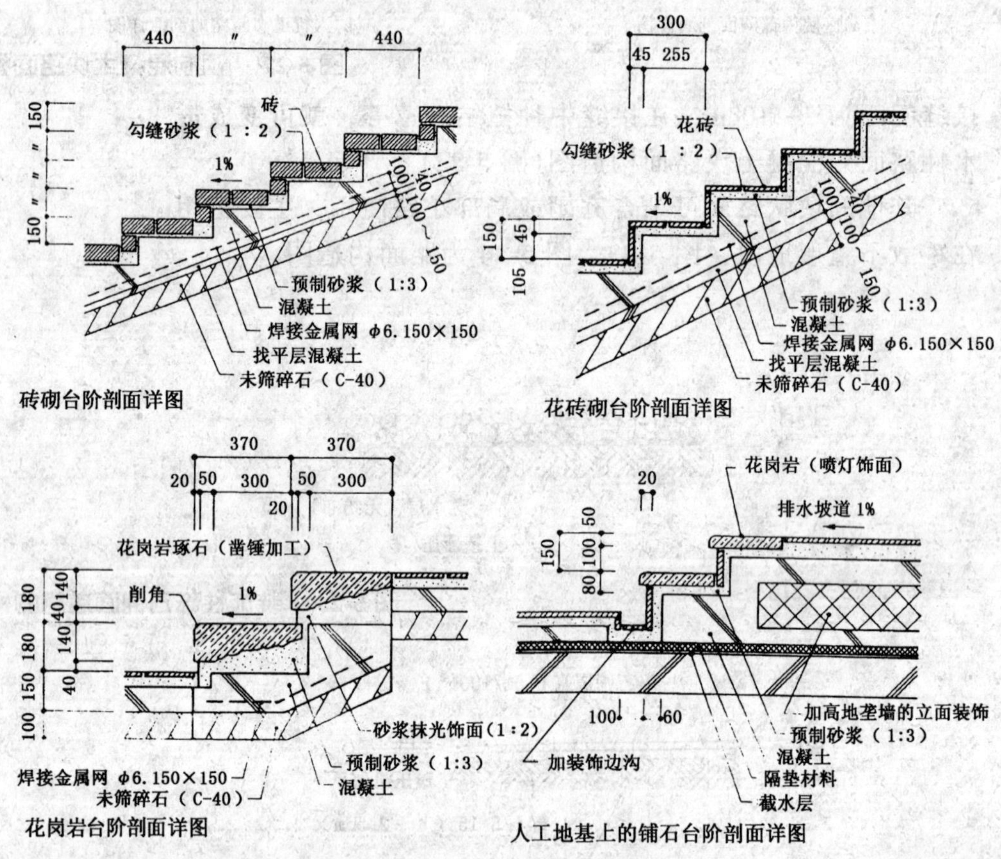

图5-25 台阶构造详图(单位：mm)

——引自《风景建筑小品设计图集》

②室外台阶，如果降低踢板高度，加宽踏板宽度，可提高台阶舒适性。一般踢板高度(h)与踏板宽度(b)的关系如下：$2h+b=60\sim65$cm。一般以踢板高15cm，踏板宽30cm为最大。

7. 花坛

花坛在人工型态园中是主要角色，具有管理方便、整齐干净的优点。尤其在机关单位庭园绿化中起到画龙点睛的作用。

一般花坛边缘适用的材料有(图 5-26)：

(1) 石材　如花岗石、大理石、卵石等。

(2) 木材　木桩、木板(木桩应注意防潮处理)。

(3) 人工材　红砖、空心砖、预制混凝土板等。

适合栽在花坛的花草需具备下列条件：

(1) 培养容易，并易于取得。

(2) 花期较长。

(3) 花色单纯而鲜明。

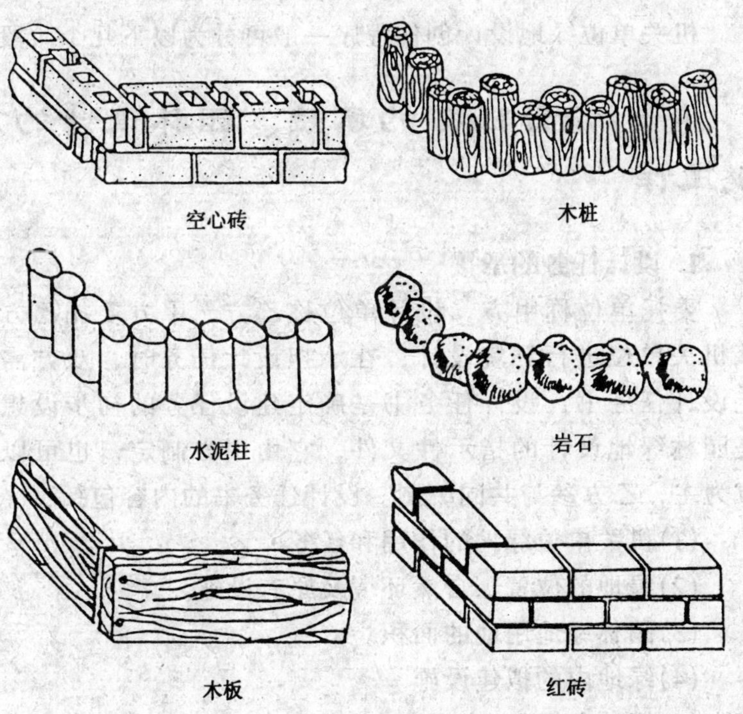

图 5-26　花坛边缘材料与组合

6

园林绿地设计创作程序

机关单位在进行绿化工程之前，首先应当委托持有相应资格证书的设计单位承担绿地设计任务，设计单位受聘后要开展一系列的工作，以保证设计任务的顺利完成，这一系列的工作也就是设计人员的设计创作程序。

机关单位绿地设计创作程序一般可分为以下几个阶段。

(一)设计任务的承接、园林设计的前提工作

1. 设计任务的承接

委托单位称甲方，设计单位称乙方，甲方委托乙方对某机关单位进行环境设计，在承担设计任务时，双方需签定设计任务书，设计任务书是确定建设任务的初步设想，是园林绿地设计的指示性文件，它由甲方制定，也可以甲方为主，乙方参与共同编制。设计任务书的内容包括：

(1)机关单位绿地的作用和任务

(2)绿地的位置、自然环境及原有设施。

(3)园林绿地用地的面积。

(4)绿地内的拟建设施。

(5)绿地布局的风格特点。

(6)种植设计要求。

(7)绿地分期实施的程序。

(8)完成日期和进度。

2. 园林设计的前提工作

在做设计之前，必须对该机关单位的自然条件、社会条件及周围的环境资料进行搜集调查，并进行深入的研究。

(1)自然条件调查　包括气象、地形、水文、土壤、植被的调查。

(2)社会条件调查　包括规划发展条件、使用效率、交通条件、现有设施、地区特色的调查。

资料的选择、分析判断是设计的基础，把收集到的上述资料制成图表，在设计目的的指导下，从功能和造景两方面对所掌握的资料进行科学、合理的评价，并勾画大体的设计骨架作为设计的重要参考。

(二)总体设计方案阶段

此阶段是设计人员根据设计任务书的要求，结合对所需资料的分析、综合研究，提出设计原则，然后进行具体的绿地设计工作。方案设计是为甲方选优提供的设计，最好做出两种以上不同的设计方案，供甲方比较选择。

总体设计方案阶段的内容包括设计图纸、建设概算、设计说明书。

1. 设计图纸

(1)现状分析图　根据分析后的资料、归纳整理形成若干空间，用圆圈或抽象图形将其粗略地表示出来。

(2)功能分区图　根据设计原则和现状分析图确定该绿地分为几个空间，使不同的空间反映不同的功能，即要形成一个统一整体，又能反映各分区内部设计因素的关系。

(3)园林建筑布置图　根据设计原则，分别画出图中各主要建筑的平面位置，以便使建筑和环境有机地结合起来。

(4)道路系统图　道路系统是确定主要道路、次要道路、广场位置、路面的宽度、路面材料所绘制的图，用不同粗细的线来表示不同级别的道路广场，并标出主要道路的高程控制点。

(5)竖向设计图　根据设计内容和景观需要定出制高

点、山体、水体、平地的等高线高程，确定排水坡向、水源及雨水聚散地，初步确定绿地中建筑所在地控制高程及各景点、广场的高程。

(6)种植设计图　根据设计原则，现状条件与苗木来源，确定整个单位的基调树种、种植方式、不同景点的骨干树种，用园林设计图例表示(图 6-1)。

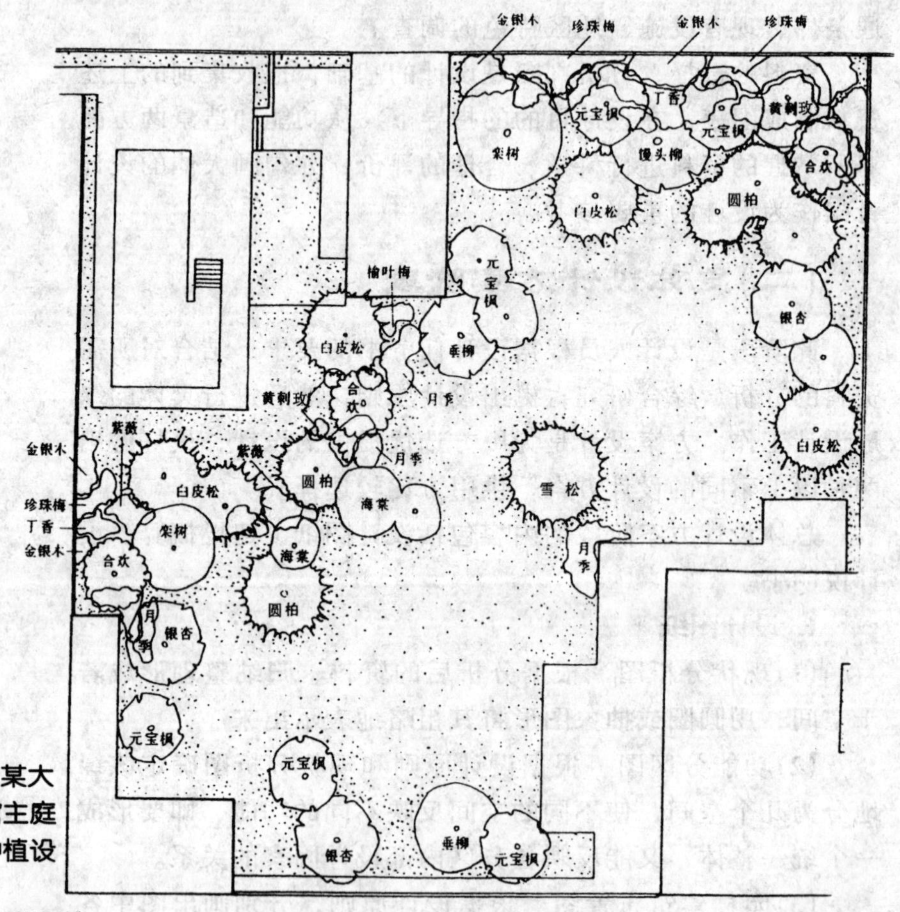

图 6-1　北京某大使馆主庭院种植设计

——引自《园林规划设计》

(7)管线设计图　以建筑总体设计方案、种植设计图为基础，设计出水源的引进方式，管网的大致分布、管径大小、雨水污水的处理及排放方式，水的去处。其表示方法是在树木种植设计图的基础上用粗细表示，并加以说明。

(8)园林绿地表现图　表现图有全园或局部地段的断面图或鸟瞰图,其作用是直观地表达设计意图(图 6-2)(彩图43)。

图 6-2　鸟瞰图

以上所述方案设计阶段的设计图纸可根据甲方要求选择绘制。

2. 设计概算

机关单位园林绿地设计概算是对园林绿地造价的初步估算，它是根据总体设计所包括的项目与有关定额和甲方投资的控制数字，估算出所需要的费用，确定金额余缺。

概算有两种方式。一种是根据总体设计的内容，按面积的大小，凭经验粗估。另一种方式是按工程项目和工程量分项概算，最后汇总。

3. 方案设计说明书

方案设计阶段，完成图纸和概算之后，尚需编写说明书，说明设计意图。主要内容包括：

(1)绿地的位置、范围、现状及设计依据。

(2)绿地的性质、设计原则、目的。

(3)功能分区及各分区的内容，面积比例。

(4)设计内容的说明。

(5)绿地种植安排、理由。

(6)电气等管线说明。

(7)分期建设的计划。

(8)其他。

方案设计完成以后，把所有设计图纸和文本装订成册，送甲方审查并做汇报。

(三)局部详细设计阶段

在上述总体设计阶段，有时甲方要求进行多方案的比较或征集方案投标。经甲方、有关部门审定，认可并对方案提出新的意见和要求，有时总体方案还要作进一步的修改和补充。在总体设计方案最后确定以后，接着就要进行施工详细设计工作。

施工图设计阶段其内容主要包括施工设计图、编制工程预算书及施工设计说明书。

1. 施工设计图

在施工设计阶段要作出施工总平面图、竖向设计图、园林建筑设计图、道路广场设计图、种植设计图、各种管线设计图以及假山、雕塑、栏杆、标牌等小品设计详图。另外，作出苗木统计表、工程量统计表、施工进度表、工程预算等。

(1)施工总平面图　表明各设计因素的平面关系和它们的准确位置，放线坐标网、基线、基点的位置。其作用之一是作为施工的依据，其二是绘制平面施工图的依据。

施工总平面图纸内容包括：保留的现有地下管线(红色线表示)、建筑物、构筑物、主要现场树木等(用细线表示)。设计地形等高线(细黑虚线表示)、高程数字、山石和水体(粗黑线表示)、道路广场、园灯、园椅等(中粗黑线表示)放线坐标网。作出的工程序号、透视线等。

(2)竖向设计　用以表明各设计因素间的高差关系，各景区的排水坡向、雨水汇集及建筑广场的具体高程等。为满足排水坡度，一般绿地坡度不小于0.5%～2.0%，缓坡在8%～10%、中坡10%～20%、陡坡在20%～40%以上。

根据设计方案之竖向设计，在施工总平面图基础上表示出现状等高线、设计等高线、各景区园林建筑、休息广场及高程，挖方填方范围等(图6-3)。

(3)道路广场设计图　道路广场设计图主要表明园内各种道路、广场的具体位置、宽度、高程、纵横坡度、排水方向及路面结构、做法、路牙的安排、道路广场的交接、交叉

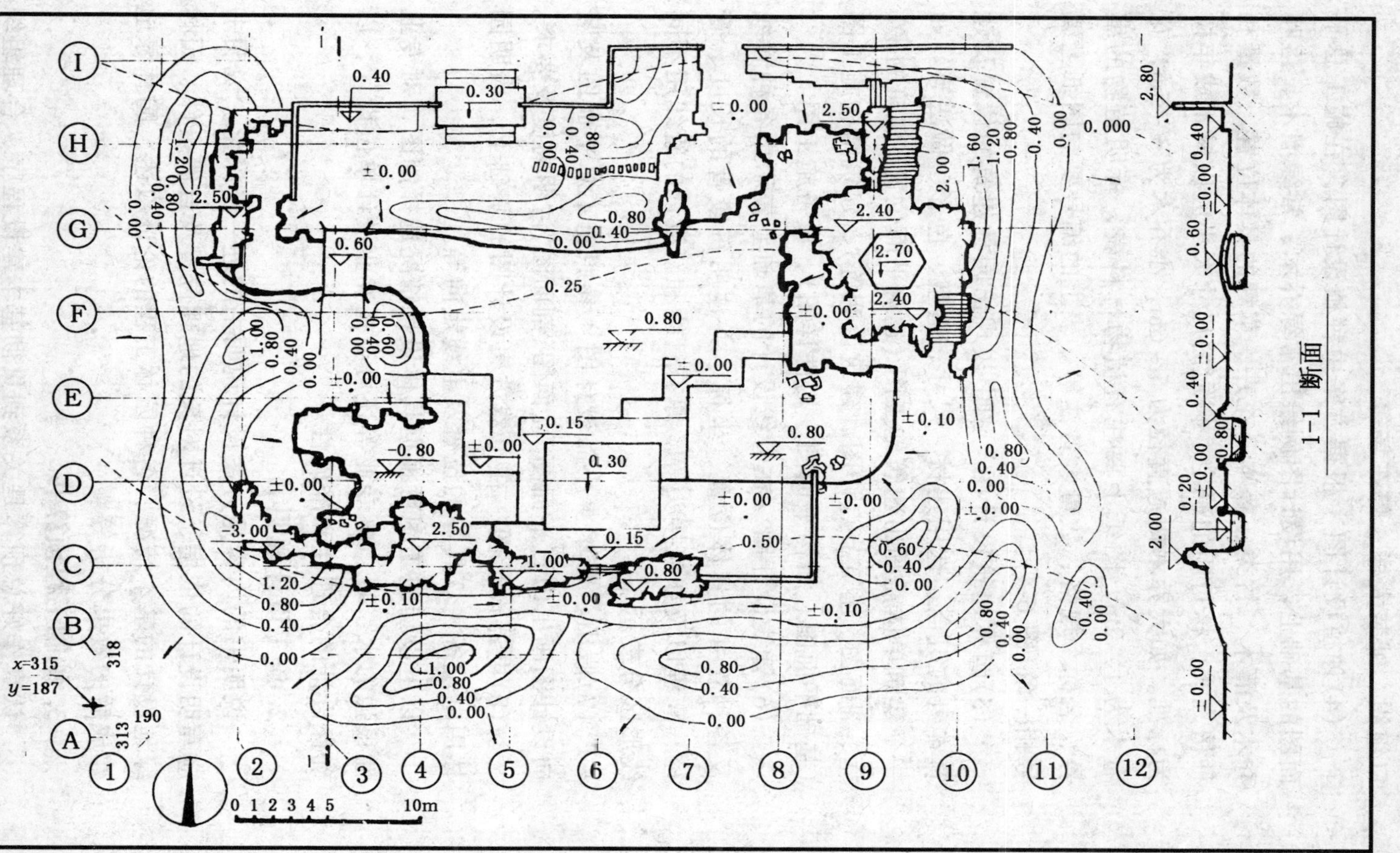

图 6-3 某游园地形设计图
——引自《园林制图》

口组织、铺装大样、停车场等。

(4)种植设计图　根据方案中种植设计图，在施工总平面图的基础上，用设计图例绘出常绿乔木、常绿灌木、落叶乔木及灌木、竹类、藤本、花卉、草坪的具体位置、数量和种植方式，株行距的确定。树冠的尺寸大小应以树木成年树为标准。如大乔木树冠直径为5~6m，小乔木为3~5m，花灌木为1~2m，图纸上要注有植物材料表，标明植物的编号、名称、规格、数量、备注等。表上的编号要与图纸上编号相一致(图6-4)。

(5)园林建筑设计图　图中表现出园林建筑的位置及建筑本身的组合、选用建材、尺寸、造型、色彩、做法等。如一个建筑单体需画出建筑施工图（建筑平面位置、建筑的平、立、剖面图、建筑节点详图、建筑说明等)、建筑结构施工图(基础平面图、结构平面图、构件详图)、设备施工图。

(6)管线设计图　在管线设计的基础上表示出各种管线及各种管井的具体位置、坐标、并注明每段管的长度、管径、高程以及如何接头等。原有管线和新设计的管线用不同线形区分表示。

(7)假山、雕塑等小品设计图　参照施工总平面图及竖向设计图画出山石平面图、立面图、剖面图,注明高度及要求。

(8)电器设计图　在电器方案设计图的基础上，表明园林用电设备、灯具等的位置及电缆走向等。

以上设计施工图可根据具体设计情况选择制图，对专业性很强的水、暖、电专业等还可委托专业设计单位设计，以确保设计的合理性和准确性。

2. 施工设计说明书

说明书的内容是方案设计说明书的进一步深化。说明书应写明设计的依据、设计对象的地理位置及自然条件、园林绿地设计的基本情况、各种园林工程的论证叙述，园林绿地建成后的效果分析等。

3. 编制工程预算书

认真作好总预算是关系到贯彻基本建设程序、合理组织

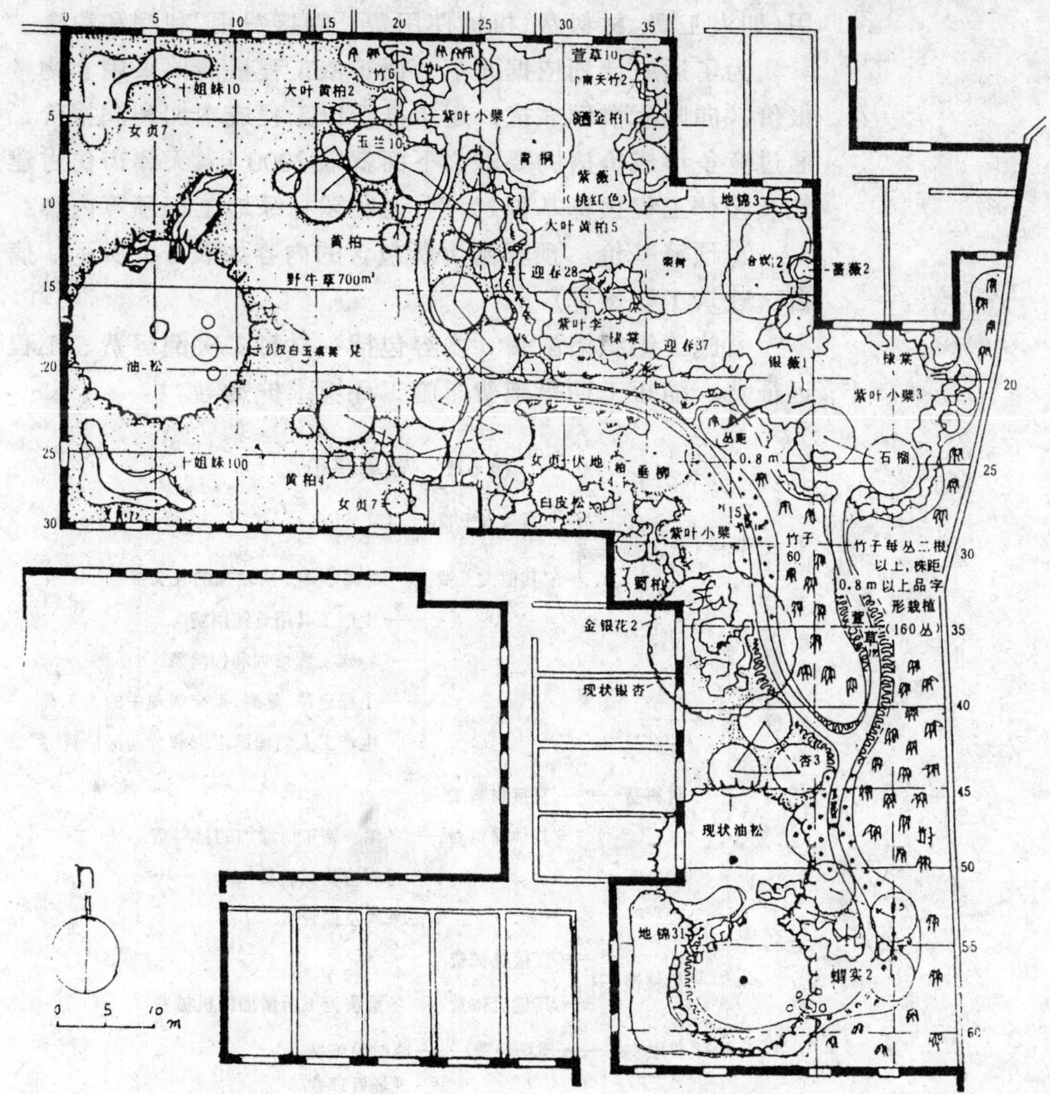

图 6-4　香山饭店“晴云映日”种植设计

——引自《园林设计》

施工、按时保质保量完成建设任务的重要环节，同时又是对园林建设工程进行财政监督、审计的重要依据。因此，作好预算工作有着重要的意义。

(1)工程预算费用的组成　根据国家建设部规定：“工程价格由成本(直接成本、间接成本)、利润(酬金)、税金构成”这一原则，园林绿地工程预算应包括直接用于工程施工中的费用(如人工费、材料费、机械使用费)、间接费用,利润和税金。

为了适应计划依据改革，便于依工程量清单采用实物量报价，向国际惯例靠拢，逐步推行以工程成本加利润报价，通过竞争形成价格的要求，下面就以2000年《天津市仿古建筑及园林工程预算基价》为例,说明园林绿地工程预算内容:

①预算基价　预算基价所包含的内容如表6-1所示。摘自《建筑工程预算》。

②施工组织措施费　内容包括：材料二次倒运费、工程远征费、缩短工期措施费、施工环境维护费等。

表6-1　预算基价

- 预算基价
  - 人工费
    - 直接人工费
    - 其他人工费
      - 冬雨季施工所增加的人工费
      - 生产工具用具使用费
      - 特殊工程培训和保险费
      - 工程定位、复测、点交清理中的人工费
      - 生产工人的辅助工资和劳动保护费
  - 材料费
    - 直接材料费
    - 其他材料费
      - 冬雨季施工所增加的材料费
      - 材料检验试验费
      - 采购及保管费
  - 机械费
    - 直接机械费
    - 其他机械费
      - 冬雨季施工所增加的机械费
  - 费用
    - 现场经费
      - 临时设施费
      - 现场管理费
    - 企业管理费
      - 管理人员工资
      - 企业差旅交通费
      - 企业办公费
      - 固定资产折旧修理费
      - 工具用具使用费
      - 工会经费
      - 职工教育经费
      - 劳动保险费
      - 待业保险费
      - 税金
      - 定额管理测定费
      - 其他费
    - 财务费

③差价　包括人工费差价、材料费差价、机械费差价。

综上所述，工程预算造价内容可表示为：

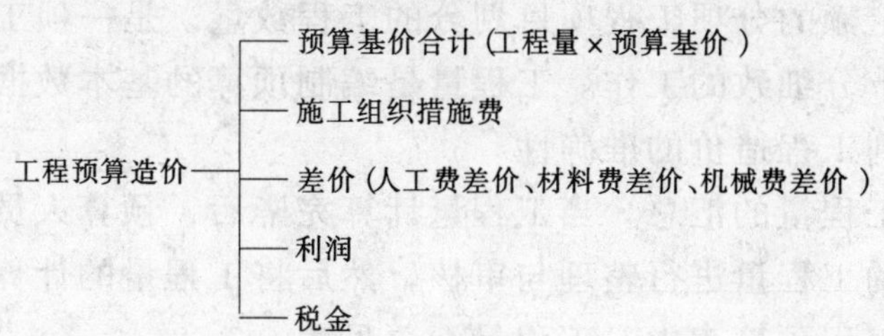

(2)工程预算编制的依据　在工程预算编制之前，必须搜集各种资料以便开展编制工作，内容包括以下部分：

①经过会审批准的施工图纸、标准图、通用图等有关资料。这些资料规定了工程的具体内容、结构尺寸、技术特征、规格、数量、是计算工程量和进行预算的主要依据。

②各项工程预算定额、地区材料预算价格、人工工资标准、施工机械台班单价，这些资料是计价的主要依据。

③施工组织设计。施工组织设计是确定单位工程施工方法主要技术措施以及现场平面布置的技术文件，经过批准的施工组织设计，也是编制工程预算不可缺少的依据。

④各类建筑工程的费用、费率、材料差价调整等有关规定，以及其他有关取费文件。

⑤预算工作手册，手册中包括各种单位的换算比例，各种形体的面积，体积公式，金属材料的比重，各种混合材料的配合比，以及材料、五金手册、木材材积表等资料，有了这些资料，可加快工程量计算的速度，提高工作效率和准确程度。

⑥甲乙双方签订的合同或协议书。

(3)工程预算编制步骤

①搜集编制工程预算各类依据资料。

②熟悉施工图纸，了解施工现场实际情况。

看图计算工程量是编制预算的基本工作，只有看懂和熟悉图纸之后，才能对工程内容、结构、技术要求有清晰的概念。另外，还应深入施工现场，了解土质、排水、标高、地面障碍物等情况。这样在编制时才能做到项目齐全，计算准确。

③计算工程量。计算工程量主要是把设计图纸的内容转化成按定额的分项工程项目划分的工程数量，是一项工作量大、又十分细致的工作。工程量是编制预算的基本数据，直接关系到工程造价的准确性。

④工程量的汇总。当工程量计算完毕后，预算人员应对所计算的工程量进行整理与审核，然后将工程量的计算结果填写到工程预算表中。工程量汇总见表6-2。

⑤确定各工程项目的单价。将单位工程的各分部分项工程量填入工程预算表中之后，然后从地区统一定额(或预算基价)中查得相应分项工程的预算价格和材料用量与工程量相乘，即得出分项工程的预算价格和材料用量，最后累计各分项工程定额直接费和材料用量，即得出工程项目直接费和各种主要材料总用量。

项目直接费=(分项工程量×预算基价)

⑥费用汇总和技术经济指标的计算。费用汇总是根据地区统一定额相配套的费用、费率以项目直接费为基数，计算出直接费以外的其他费用。各项费用的累计即为单位工程的

表6-2 工程预算表

建设单位： 工程名称： 建筑面积：

序号	定额编号	工程内容				
		工程项目	单位	工程数量		
				工程量	单价	合价
		一、土方工程				
1		平整场地	m^2	291.0		
2		人工挖柱基坑	m^3	67.6		
3		人工挖地槽	m^3	11.4		
4		回填土夯实	m^3	32.8		
		二、基础工程				
5		C_{15}混凝土柱基垫层	m^3	5.3		
6		C_{20}钢筋混凝土柱基	m^3	22.6		
7		C_{15}混凝土条基垫层	m^3	7.3		
8		条基砌砖	m^3	37.6		

总预算造价，此项工作是通过“工程造价计算表”进行。计算费用时，一定要正确掌握计算顺序，计算基数和计算费率。总造价计算出来后，应结合单位工程的特点，采用不同的计量单位计算技术经济指标，如每平方米建筑面积造价，每米驳岸的造价等。

⑦对工程预算进行校核，填写编制说明，装订成册。

(4)工程预算编制程序　本程序适用于仿古建筑工程、园林绿化工程、园林小品及附属工程。

①包工包料工程

序号	项　目	计算方法
1	预算基价合计	Σ(工程量×预算基价)
2	利润	(1)×相应利润率
3	施工组织措施费	按仿古建筑及园林工程计价方法第六条计算
4	差价	按仿古建筑及园林工程计价方法第八条计算
5	合计	(1)+(2)+(3)+(4)
6	含税造价	(5)×(1+相应税率)

②包工不包料

序号	项　目	计算方法
1	预算基价人工费合计	Σ(工程量×预算基价中的人工费)
2	费用	(1)×28.45%
3	利润	(1)×相应利润率
4	人工费调整	按仿古建筑及园林工程计价方法第八条计算
5	合计	(1)+(2)+(3)+(4)
6	含税造价	(5)×(1+相应税率)

注：由于园林绿地建设工程的所在地不同，各地的费率、费用标准也不相同，本例采用天津市园林工程预算基价费用标准。(津建建(2000)818号)

总之，在编制工程预算书中，除项目直接费是按设计图纸和预算定额(或预算基价)计算外，其他费用项目，均应根据国家及地区制定的费用定额及有关规定计算。一般都采用工程所在地区的地区统一定额。间接费定额与预算定额一般配套使用。

7
设计实例分析

(一)天津市环境保护局绿地设计

天津市环保局从80年代开始对机关单位内部进行规划与改造，结合单位特点，既做好长期绿地规划，又确定近期奋斗目标，逐年地按规划、按经济能力先易后难、先绿化后美化、先平面绿化后立体绿化，循序渐近地提高绿地率，使机关单位内到处充满着绿色，充满着生机。

天津市环境保护局的绿地面积占总面积近50%。为了增加绿地率，还将垂直绿化做为重要措施之一(彩图44)。

绿化设计重点在科研楼南北两侧及办公楼南侧(图7-1)。

科研楼的北侧为一带状绿地，设计者将其设计成环环相扣，高低变化的花台，整个布局呈规则式，植物种类有铺地柏、柏、馒头柳、槐树、合欢、山桃、石榴、龙爪槐

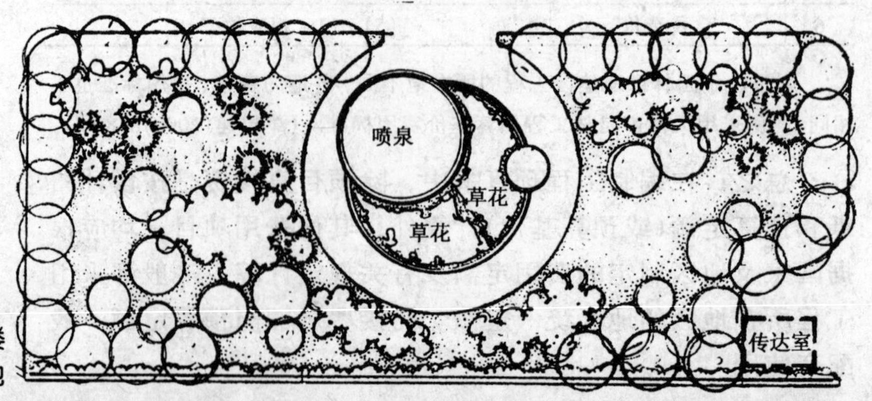

图7-1　科研楼北侧绿地

及紫叶小檗等，主要突出植物景观，但稍显植物种类杂(彩图45)。

科研楼南侧及办公楼南侧面积较为开阔。绿地形式布置成自然式，利用富有变化的地形组织空间，营造了小中见大的意境，同时也注意了园林小品的设置，提高了美化与实用的效果(彩图46)。同时在绿地中设置了网球及篮球场(彩图29)。在其周围放置了休息坐椅，配植了高大乔木和各种花灌木如槐树、栾树、合欢、紫薇、丁香、海棠、木槿等，做到了常绿与落叶结合，乔木与灌木结合，营造了一个良好的休憩环境，满足了职工工作之余休息、游览、健身的需要。

围墙边种植了大量乔灌木和攀援植物，既与外界隔离，起到了卫生防护作用，又起到了美化街景的功能。

(二)某机关单位庭院绿化(图7-2)

此绿地为一临街的带状绿地，绿地面积近5000m²，此绿地以植物造景为主，建筑小品画龙点睛地点缀其中，古朴典雅。

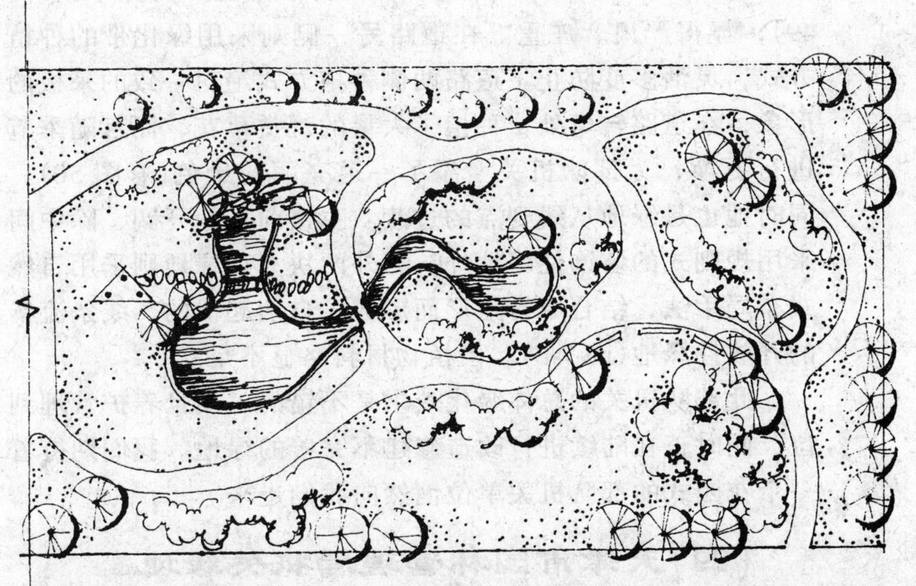

图7-2 某机关单位局部绿化平面示意图

绿地的形式为自然式布局，蜿蜒曲折的水池及水源尽头的叠石控制着整块绿地，园路设计弯转流畅，路面采用青石板铺设，斑斑点点的小草钻出地面，无不透露出清新、含蓄的韵味(彩图 47)。

植物配植注意色彩及层次的变化，追求有花果可赏、有香可闻、四季彩叶的效果(彩图 48)。

在机关内部还开辟出开展体育活动场地，需要注意的是应在场地边缘种植一些高大落叶乔木进行遮荫。

(三)某部队机关绿地设计

由于部队机关占地面积大，可绿化的面积也大，如果设计得当，就能够很好地通过绿地来展示当代部队机关的现代化气息。

此部队机关在进行绿地设计时，主要抓一点一线的绿化，既从大门出入口到主办公楼前的沿途绿地及办公楼前绿地。为了体现部队机关既严肃又活泼的气氛，在不同的地点采用了不同园林布局手法，进入大门走在笔直的道路上，道路一侧采用行列种植方式种植了两排高大整齐的乔木(彩图 49)，显得严肃、庄重。在道路另一侧则采用绿化带的种植方式，灵活多变防止了道路两侧种植方式绝对一致的呆板的形象，在道路转弯处，种植了大量的观赏草花，而且随季节进行更换，为部队机关增添了一道亮丽的景色(彩图 50)。同时他也是绿地从线到点的过渡。主楼前场地开阔，除中间采用规则式的装饰性绿地外，另外两块大型绿地则采用自然式布局手法，结合原有地形而形成了自然起伏的、线条流畅的开放性绿地(图 7-3)。但植物材料略显不足。

此部队机关的总体绿化效果是不错的，而且养护管理到位，同时正在陆续进行改造修建不完善的绿地。我们期待着一个花园式的部队机关单位悄然向我们走来。

(四)天津市园林管理局机关绿地

天津市园林管理局机关内可绿化的面积很少，在这种情

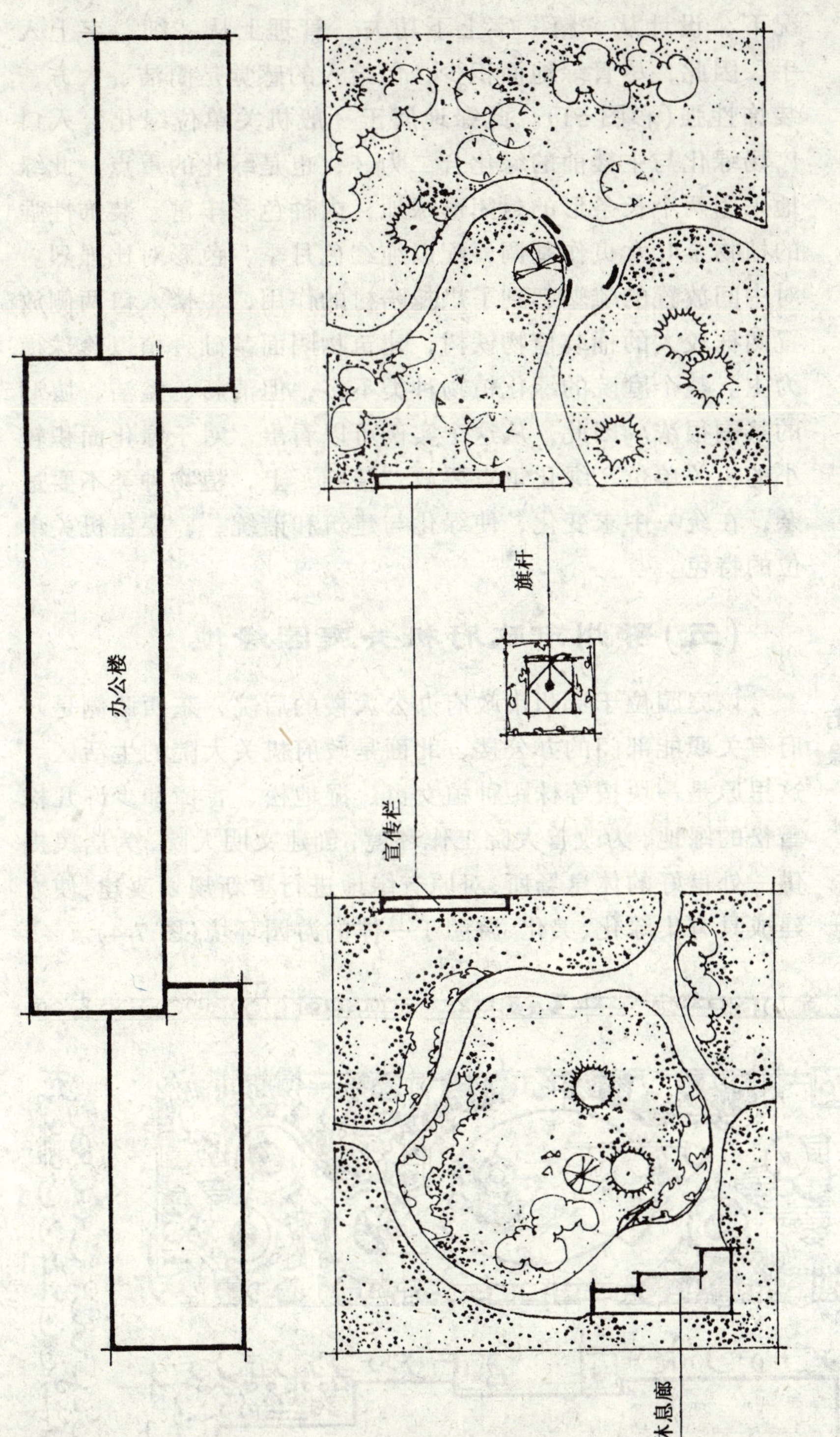

图 7-3 主楼前绿化示意图

况下，设计从“精”字上下功夫，管理上从“细”字上入手。因此，尽管绿地面积少，但给人的感觉是简洁、大方、装饰性强(彩图 51)。此绿地属于一般机关单位绿化，入口广场绿化与主楼前的绿化合二为一，也是绿化的重点，此绿地采用两个长条形的封闭形绿地，内种色彩丰富、装饰性强的植物金叶女贞作基调，配以纯红色月季，色彩对比强烈。对中间放置的雕塑起到了烘托陪衬的作用，主楼入口两侧放置两株较大的桶装植物铁树，建筑物阴面基础种植以珍珠梅为主。整个庭院的绿化植物种类不多，但清新、整洁、协调的氛围很浓。因此，从这个实例可以看出，对于绿化面积较小的机关单位，绿化重点要放“精细”上，植物种类不要过杂，在统一中求变化，使绿化与建筑和谐统一，突出机关单位的特色。

(五)鄂州市政府机关庭园绿地

该庭园位于鄂州市政府办公大楼的后院，东西两侧是政府有关职能部门的办公楼，北面是政府机关大院的生活区。这里原是一块按等株距种植女贞、湿地松、香樟和少许几株雪松的绿地，为改善大院工作环境，创建文明大院，为居民提供一处良好的休息场所，对原有绿地进行重新规划改建，使之建成具有集绿化、美化、游憩于一体的游园环境(图 7-4)。

图 7-4 鄂州市政府机关庭院绿地平面图

1. 喷泉水池 2. 壁水景墙 3. 雕塑小品 4. 休息岛 5. 花架景墙 6. 三圆亭 7. 单柱花架 8. 双柱花架

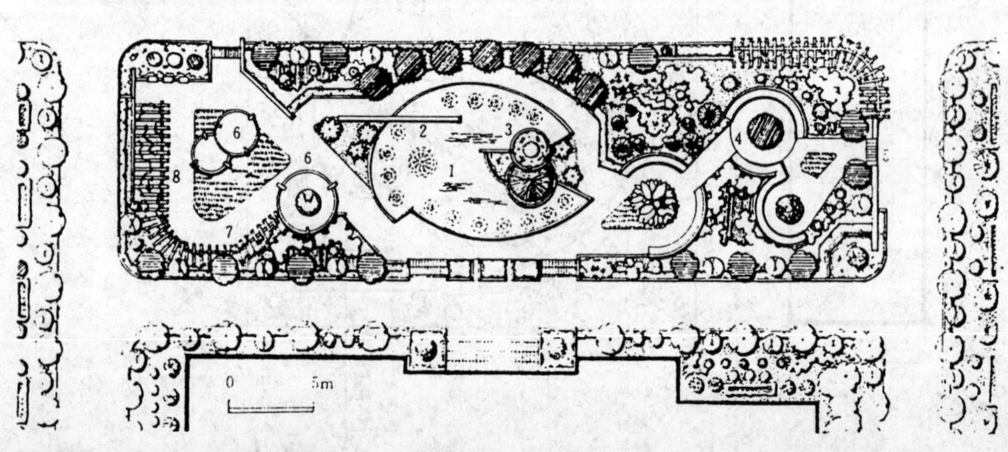

绿地呈长方形，占地面积 1 302m²，中心部分以抽象图形构成喷泉水池主景，以壁水景墙为障景，装饰雕塑为点景，选用一组高大挺拔的雪松作绿色背景，相映成趣，交映生辉。东端是以 3 个圆弧形为构图，功能上开合有致。西端是以 3 个为一组的装饰圆亭作三角构图，与休息岛相对应。装饰圆亭在造型上追求一种新颖别致的形式，丰富了园林建筑造型(图 7-5)。此外，西端仍用单柱和双柱的花架加装饰景墙的形式，与中心喷泉水池主景和东端部分构成一个和谐而有机的整体。

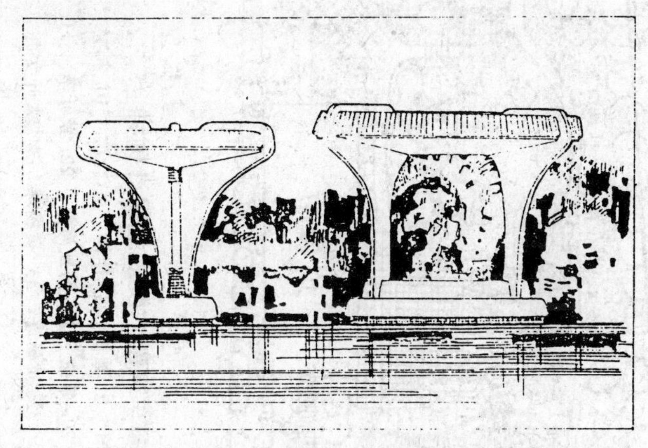

图 7-5　装饰圆亭外景
设计：黄石市市政园林设计研究所：
张家平　李春梅　覃宗福

(六)海军某部机关大院绿地

海军某部机关大院内办公生活区面积共 1.4hm²。南侧办公楼和招待所为院内的主体建筑，北侧为宿舍楼、东南角是锅炉房。院落由西向东自然倾斜，一条主要道路连同排水沟共 5m 宽。单位共百余人，但平时只有 1/3 的人在此生活、工作、训练与会议期间人员骤增。因此，将体育训练场地放在前院，按照院落的功能需要区划为如下 3 个空间(图 7-6)。

1. 水景区

在办公楼前，为水景区，水池面积约 500m²，水深 1m，水面有收有放，岸线有曲有直。开阔处面宽 13m、长 28m。西侧架汉白玉拱桥，东侧设涉水汀步。水面南岸为一组廊榭连体建筑。北岸为两个贴近水面、大小不同、高低错

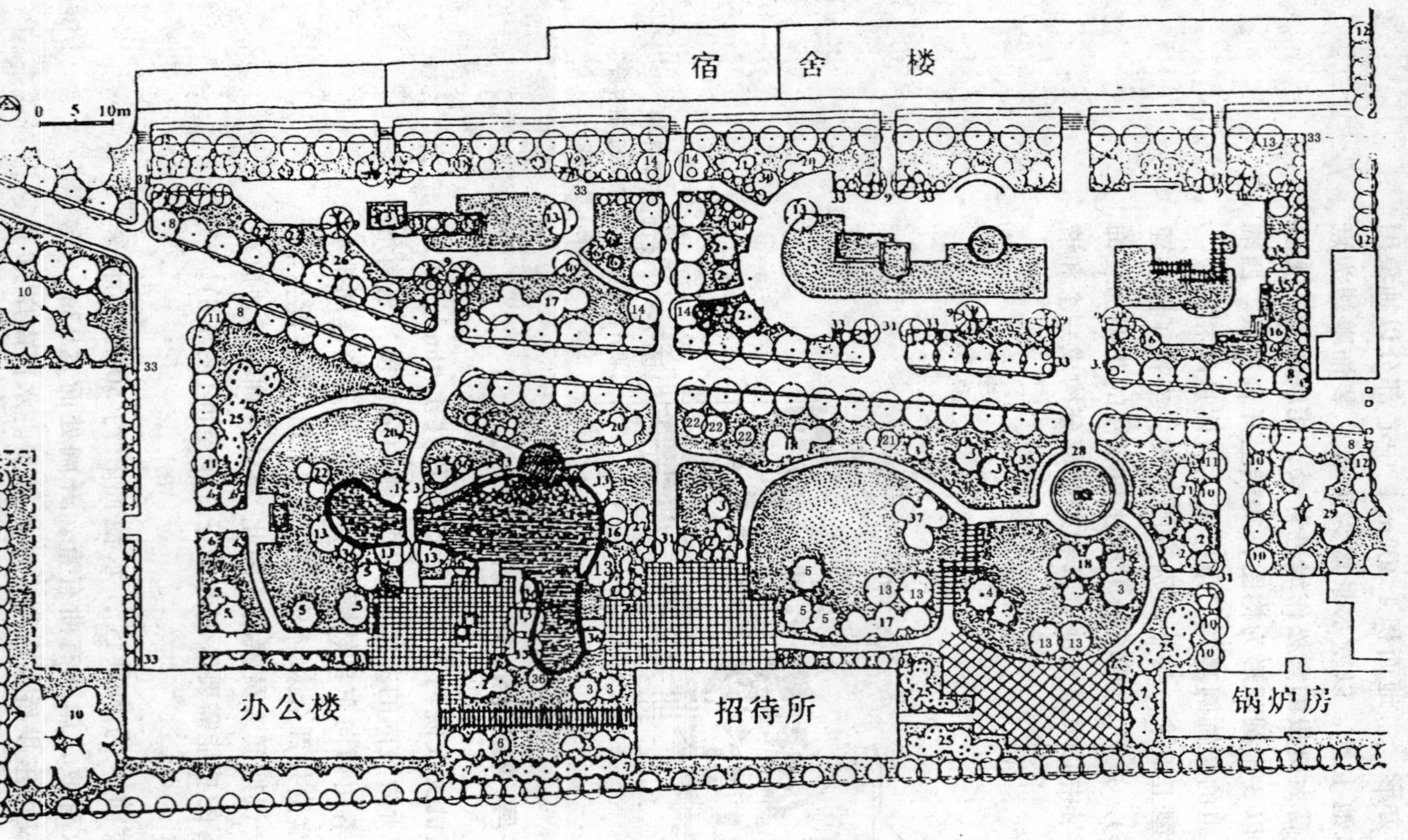

图 7-6 海军某部大院规划设计树种

1. 油松 2. 白皮松 3. 雪松 4. 华山松 5. 云杉 6. 龙柏 7. 圆柏 8. 梓树 9. 合欢 10. 柿树 11. 栾树 12. 毛白杨 13. 垂柳 14. 泡桐 15. 紫藤 16. 木槿 17. 珍珠梅 18. 榆叶梅 19. 迎春 20. 紫薇 21. 贴梗海棠 22. 紫叶李 23. 紫叶小檗球 24. 丁香 25. 竹 26. 金银木 27. 连翘 28. 月季 29. 果石榴 30. 白玉兰 31. 龙爪槐 32. 黄杨篱 33. 黄杨球 34. 大叶女贞 35. 樱花 36. 碧桃 37. 紫荆 38. 草坪

（设计：石家庄市园林规划设计研究所：赵凤兰）

落的圆形平台，与廊榭高低的反差强烈，突出了廊、榭的主景作用。在此可赏景观鱼，水中红鲤漫游，两处涌泉汩汩，水清鱼动泉涌，别有一番情趣。

景区的植物配置以垂柳为主，数株婆娑的垂柳散置在廊榭一侧。成为“袅娜纤柳随风舞”的景色，柳枝摇曳与水中廊榭倒影，时隐时现，增添了诗情画意，几株碧桃、樱花、紫荆，形成桃红柳绿鲜花盛开的意境，突出早春水景。西侧边缘用云杉。圆柏、翠竹形成绿色屏障，既增加了植物层次，又加深了景观效果。楼北栽植耐荫植物珍珠梅与大叶女贞，将建筑与绿化融为一体。为了增强植物色彩的景观变化，在湖西点缀一丛紫叶李和一片花石榴，构成夏季万绿丛中一片红的景色。

2. 疏林草地

招待所楼前设置了 3m 宽的道路和 25m 长、16m 宽的折线广场，疏林草地设在东侧，是一个幽静的空间。原有的两株大垂柳，作为草坪的主景。绿色如茵的草坪，是整个绿地的基调，营造成宁静、舒适的气氛。草坪的东、北边际上错落点缀着低矮的贴梗海棠、榆叶梅、紫薇等花灌木，与垂柳和云杉配植，高低起伏变化多端，构成开朗明快的自然景观。草地中心设计有兼作通道的曲线花架，花架南侧为小型活动广场，广场两侧用翠柏、绿竹围合成一个幽深宁静的空间。在通往宿舍楼主要道路视线的终点上设计一块圆形草坪。上竖一座小型汉白玉雕塑——展翅翱翔的海鸥，象征海军战士在辽阔的海洋上保卫祖国的雄姿。雕塑北面是两条弧形的丰花月季花境，背景为常绿树组成的绿色屏障和花团锦簇的灌木丛。宛若绿毯的草坪与雕塑组成了一组轻松、愉快的优美佳景。疏林草地沿主干路较密集地点缀红叶李、紫薇、榆叶梅。

3. 广场花卉区

宿舍楼前以大广场为主，广场上开辟大草坪，草坪上有形式各异的花池，内植月季或应时花卉。为丰富空间景物变化，广场东侧设计了一组花架。采用花格条、透窗、实体景墙虚实结合的手法，构成花卉区明快、空透的主景建筑。广场中部保留了原有的一行大泡桐树，树下点缀了3个高低错落、形态逼真的白色蘑菇亭，极富山林野趣。

广场花卉区的植物配置以色彩丰富，春、夏花期相连的花卉，如春季开花的西府海棠、碧桃、樱花，夏季开花的紫薇、花石榴及紫叶李等。在宿舍区又特别注意了闻香植物的配置，春天丁香、玉兰、泡桐花清香四溢，夏季合欢幽香浮动。常绿植物以低矮的黄杨球为主，适当点缀几株雪松、白皮松，进一步深化了轻松愉快的感觉。为增强植物景观变化，北侧配置了一行火炬树，夏可遮荫，秋可观叶，深秋火红的叶片寓意了指战员们的蓬勃朝气和赤诚的爱国之心。主干道两侧以梓树作为主要遮荫树种，两行黄杨绿篱仿佛为绿地镶上了绿色边饰。

整个大院通过迂回曲折的园路，将各个景区联为一体。不同的植物配置形成了各个景区不同的景象，以不同的色彩组成了美丽多彩的植物景观，渲染了四季景色。又以疏密相间、虚实对比的手法创造出幽邃、旷阔的不同意境，陪衬着各个建筑景物，组成了一个个生趣盎然的画面，为坐落在三面环山的海军某部机关大院创造了一个绚丽多彩、妩媚宁静的园林空间。

(七)天津市园林绿化研究所绿地

天津市园林绿化研究所是从事园林科研与生产暨新品种的培育、引种驯化、病虫害防治等的机关单位，由于其特殊性，园林绿化研究所除主办公楼及必须的道路、空地外，其余都是绿地，其中包括科研圃地、花窖、展览温室等(图 7-7)。

园林绿化研究所针对本单位的特点，在绿化上强调以科研为主线，在科研圃起的周围种植了高大的乔木以营造局部小气候，为苗木生产创造了良好的生长条件(彩图 52)。在树木标本区，地形起伏变化，引种了大量外来树种，既为天津丰富了树种资源，同时它与办公楼前开阔的草坪形成了明显的对比关系(彩图 53)。

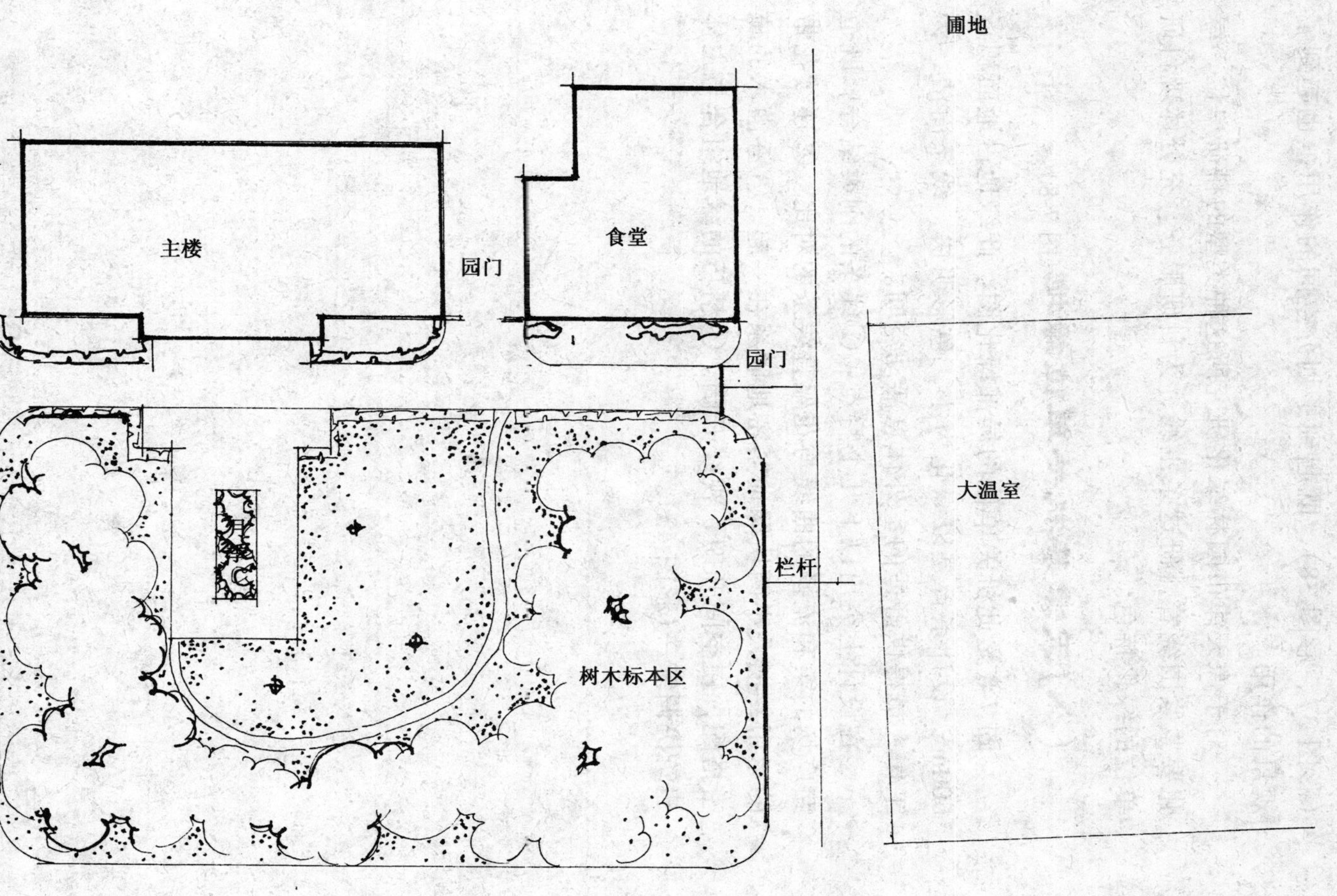

图 7-7 主楼前绿地示意图

在绿化上也注意了园林建筑小品如景墙、景门的运用(彩图 37、彩图 38)，既起到了划分空间的作用，也起到了观景的作用。

对于像天津市园林绿化研究所这种类型的科研单位，绿化要紧紧围绕着科研这条主线，为科研服务。充分体现科研单位的绿化特色。

(八)天津某机关单位绿地(图 7-8)

图 7-8 是此机关单位的局部绿化图。此绿地占地面积近 $600m^2$，设计宗旨是以绿化为主，色彩明快，线条简洁，为工作人员提供舒适的室外休息活动空间。

在设计上突出以下几个特点：①线条的刚柔结合，既道路广场的柔和流畅的曲线与花架直线条的对比。②连续花带的运用，把大小两块绿地紧密地联系在一起。③乔灌木的疏密搭配，使空间开朗、视线开阔。④精巧的绿地组合与主体建筑协调统一(彩图 43)。

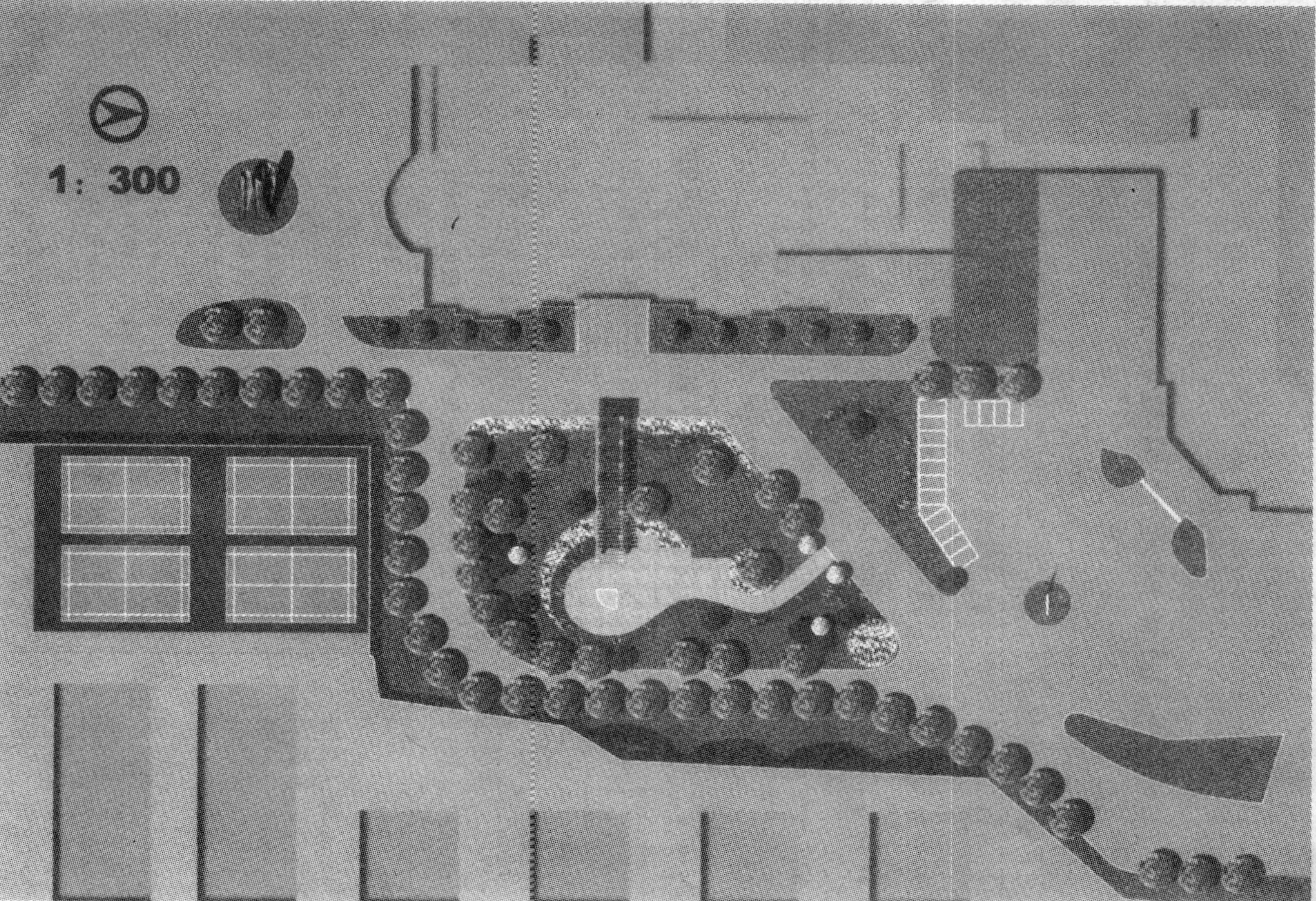

图 7-8　某机关单位局部绿地

附　录

（一）园林绿地常用植物介绍

生态型	中　名	学　名	科　名	高　度(m)	习　性	观赏特性及园林用途	适用地区
常绿针叶树	油　松	*Pinus tabulaeformis*	松　科	25	强阳性，耐寒，耐干旱瘠薄和碱土	树冠伞形，庭荫树，行道树，园景树，风景林	华北，西北
	马尾松	*P. massoniana*	松　科	30	强阳性，喜温湿气候，宜酸性土	造林绿化，风景林	长江流域及其以南地区
	黑　松	*P. thunbergii*	松　科	20～30	强阳性，抗海潮风，宜生长海滨	庭荫树，行道树，防潮林，风景林	华东沿海地区
	赤　松	*P. densiflora*	松　科	20～30	强阳性，耐寒，要求海岸气候	庭荫树，行道树，园景树，风景林	华东及北部沿海地区
	平头赤松	*P. d.* cv. Umbraculifera	松　科	3～5	阳性，喜温暖气候，生长慢	树冠伞形，平头状；孤植、对植	华东地区
	白皮松	*P. bungeana*	松　科	15～25	阳性，适应干冷气候，抗污染力强	树皮白色雅净；庭荫树，行道树，园景树	华北、西北、长江流域
	湿地松	*P. elliottii*	松　科	25	强阳性，喜温暖气候，较耐水湿	庭荫树，行道树，造林绿化	长江流域至华南
	红　松	*P. koraiensis*	松　科	20～30	弱阳性，喜冷凉湿润气候及酸性土	庭荫树，行道树，风景林	东北地区
	华山松	*P. armandi*	松　科	20～25	弱阳性，喜温凉湿润气候	庭荫树，行道树，园景树，风景林	西南、华西、华北
	日本五针松	*P. parviflora*	松　科	5～15	中性，较耐荫，不耐寒，生长慢	针叶细短、蓝绿色；盆景，盆栽，假山园	长江中下游地区
	日本冷杉	*Abies firma*	松　科	30	阴性，喜冷凉湿润气候及酸性土	树冠圆锥形；园景树，风景林	华东、华中
	辽东冷杉	*A. holophylla*	松　科	25	阴性，喜冷凉湿润气候，耐寒	树冠圆锥形，园景树，风景林	东北、华北
	白　杆	*Picea meyeri*	松　科	15～25	耐荫，喜冷凉湿润气候，生长慢	树冠圆锥形，针叶粉蓝色；园景树，风景林	华北
	雪　松	*Cedrus deodara*	松　科	15～25	弱阳性，耐寒性不强，抗污染力弱	树冠圆锥形，姿态优美；园景树，风景林	北京、大连以南各地
	南洋杉	*Araucaria cunninghamii*	南洋杉科	30	阳性，喜暖热气候，很不耐寒	树冠狭圆锥形，姿态优美；园景树，行道树	华南
	杉　木	*Cunninghamia Lanceolata*	杉　科	25	中性，喜温湿气候及酸性土，速生	树冠圆锥形；园景树，造林绿化	长江中下游至华南
	柳　杉	*Cryptomeria fortunei*	杉　科	20～30	中性，喜温暖湿润气候及酸性土	树冠圆锥形；列植，丛植，风景林	长江流域及其以南地区
	侧　柏	*Platycladus orientalis*	柏　科	15～20	阳性，耐寒，耐干旱瘠薄，抗污染	庭荫树，行道树，风景林，绿篱	华北、西北及华南

（续）

生态型	中名	学名	科名	高度(m)	习性	观赏特性及园林用途	适用地区
常绿针叶树	千头柏	*P. o.* cv. Sieboldii	柏科	2～3	阳性，耐寒性不如侧柏	树冠紧密，近球形；孤植，对植，列植	长江流域、华北
	日本扁柏	*Chamaecyparis obtusa*	柏科	20	中性，喜凉爽湿润气候，不耐寒	园景树，丛植	长江流域
	云片柏	*C. o.* cv. Breviramea	柏科	5	中性，喜凉爽湿润气候，不耐寒	树冠窄塔形；园景树，丛植，列植	长江流域
	日本花柏	*C. pisifera*	柏科	25	中性，耐寒性不强	园景树，丛植，列植	长江流域
	柏木	*Cupressus funebris*	柏科	25	中性，喜温暖多雨气候及钙质土	墓道树，园景树，列植，对植，造林绿化	长江以南地区
	圆柏	*Sabina chinensis*	柏科	15～20	中性，耐寒，稍耐湿，耐修剪	幼年树冠狭圆锥形；园景树，列植，绿篱	东北南部、华北至华南
	龙柏	*S. c.* cv. Kaizuka	柏科	5～8	阳性，耐寒性不强，抗有害气体	树冠圆柱形，似龙体；对植，列植，丛植	华北南部至长江流域
	鹿角柏	*S. c.* cv. Pfitzeriana	柏科	0.5～1	阳性，耐寒	丛生状，干枝向四周斜展；庭园点缀	长江流域，华北
	铺地柏	*S. procumbens*	柏科	0.3～0.5	阳性，耐寒，耐干旱	匍匐灌木；布置岩石园，地被	长江流域、华北
	沙地柏	*S. vulgalis*	柏科	0.5～1	阳性，耐寒，耐干旱性强	匍匐状灌木，枝斜上；地被，保土，绿篱	西北、华北及内蒙古
	刺柏	*Juniperus formosana*	柏科	12	中性，喜温暖多雨气候及钙质土	树冠狭圆锥形，小枝下垂；列植，丛植	长江流域、西南、西北
	杜松	*J. rigida*	柏科	6～10	阳性，耐寒，耐干瘠，抗海潮风	树冠狭圆锥形；列植，丛植，绿篱	华北、东北
	罗汉松	*Podocarpus macrophyllus*	罗汉松科	10～20	半阴性，喜温暖湿润气候，不耐寒	树形优美，观叶、观果；孤植，对植，丛植	长江以南各地
	紫杉	*Taxus cuspidata*	红豆杉科	10～20	阴性，喜冷凉湿润气候，耐寒	树形端正；孤植，丛植，绿篱	东北
落叶针叶树	金钱松	*Pseudolarix amabilis*	松科	20～30	阳性，喜温暖多雨气候及酸性土	树冠圆锥形，秋叶金黄；庭荫树，园景树	长江流域
	水松	*Glyptostrobus pensilis*	杉科	8～10	阳性，喜暖热多雨气候，耐水湿	树冠狭圆锥形；庭荫树，防风、护堤树	华南
	水杉	*Metasequoia glyptostroboides*	杉科	20～30	阳性，喜温暖，较耐寒，耐盐碱	树冠狭圆锥形；列植、丛植，风景林	长江流域、华北南部
	落羽杉	*Taxodium disticum*	杉科	20～30	阳性，喜温暖，不耐寒，耐水湿	树冠狭圆锥形，秋色叶；护岸树，风景林	长江流域及其以南地区
	池杉	*T. ascendens*	杉科	15～25	阳性，喜温暖，不耐寒，极耐湿	树冠狭圆锥形，秋色叶；水滨湿地绿化	长江流域及其以南地区
常绿阔叶乔木	广玉兰	*Magnolia grandiflora*	木兰科	15～25	阳性，喜温暖湿润气候，抗污染	花大，白色，6～7月；庭荫树，行道树	长江流域及其以南地区
	白兰花	*Michelia alba*	木兰科	8～15	阳性，喜暖热，不耐寒，喜酸性土	花白色，浓香，5～9月；庭荫树，行道树	华南

（续）

生态型	中名	学名	科名	高度(m)	习性	观赏特性及园林用途	适用地区
常绿阔叶乔木	樟树	*Cinnamomum camphora*	樟科	10~20	弱阳性，喜温暖湿润，较耐水湿	树冠卵圆形；庭荫树，行道树，风景林	长江流域至珠江流域
	台湾相思	*Acacia richii*	豆科	6~15	阳性，喜暖热气候，耐干瘠，抗风	花黄色，4~6月；庭荫树，行道树，防护林	华南
	羊蹄甲	*Bauhinia purpurea*	豆科	10	阳性，喜暖热气候，不耐寒	花玫瑰红色，10月；行道树，庭园风景树	华南
	蚊母	*Distylium racemosum*	金缕梅科	5~15	阳性，喜温暖气候，抗有毒气体	花紫红色，4月；街道及工厂绿化，庭荫树	长江中下游至东南部
	苦槠	*Castanopsis sclerophylia*	山毛榉科	15	中性，喜温暖气候，抗有毒气体	枝叶茂密；防护林，工厂绿化，风景林	长江以南地区
	青冈栎	*Cyclobalanopsis glauca*	山毛榉科	15	中性，喜温暖湿润气候	枝叶茂密；庭荫树，背景树，风景林	长江以南地区
	木麻黄	*Casuarina equisetifolia*	木麻黄科	20	阳性，喜暖热，耐干瘠及盐碱土	行道树，防护林，海岸造林	华南
	榕树	*Ficus microcarpa*	桑科	20~25	阳性，喜暖热多雨气候及酸性土	树冠大而圆整；庭荫树，行道树，园景树	华南
	银桦	*Grevillea robusta*	山龙眼科	20~25	阳性，喜温暖，不耐寒，生长快	干直冠大，花橙黄色，5月；庭荫树，行道树	西南、华南
	大叶桉	*Eucalyptus robusta*	桃金娘科	25	阳性，喜暖热气候，生长快	行道树，庭荫树，防风林	华南、西南
	柠檬桉	*E. citriodora*	桃金娘科	30	阳性，喜暖热气候，生长快	树干洁净，树姿优美；行道树，风景林	华南
	蓝桉	*E. globulus*	桃金娘科	35	阳性，喜温暖，不耐寒，生长快	行道树，庭荫树，造林绿化	西南、华南
	白千层	*Melaleuca leucadendra*	桃金娘科	20~30	阳性，喜暖热，耐干旱和水湿	行道树，防护林	华南
	女贞	*Ligustrum lucidum*	木犀科	6~12	弱阳性，喜温湿，抗污染，耐修剪	花白色，6月；绿篱，行道树，工厂绿化	长江流域及其以南地区
	桂花	*Osmanthus fragrans*	木犀科	10~12	阳性，喜温暖湿润气候	花黄、白色，浓香，9月；庭园观赏，盆栽	长江流域及其以南地区
	棕榈	*Trachycarpus fortunei*	棕榈科	5~10	中性，喜温湿气候，抗有毒气体	工厂绿化，行道树，对植，丛植，盆栽	长江流域及其以南地区
	蒲葵	*Livistona chinensis*	棕榈科	8~15	阳性，喜暖热气候，抗有毒气体	庭荫树，行道树，对植，丛植，盆栽	华南
	王棕	*Roystonea regia*	棕榈科	15~20	阳性，喜暖热气候，不耐寒	树形优美；行道树，园景树，丛植	华南
	皇后葵	*Arecastrum romanzoffianum*	棕榈科	10~15	阳性，喜暖热气候，不耐寒	树形优美；行道树，园景树，丛植	华南
	假槟榔	*Archontophoenix alexandra*	棕榈科	15	阳性，喜暖热气候，不耐寒	树形优美；行道树，丛植	华南

（续）

生态型	中 名	学 名	科 名	高 度 (m)	习 性	观赏特性及园林用途	适用地区
落叶阔叶乔木	银 杏	*Ginkgo biloba*	银杏科	20～30	阳性，耐寒，抗多种有毒气体	秋叶黄色，庭荫树，行道树，孤植，对植	沈阳以南、华北至华南
	鹅掌楸	*Liriodendron chinensis*	木兰科	20～25	阳性，喜温暖湿润气候	花黄绿色，4～5月；庭荫观赏树，行道树	长江流域及其以南地区
	皂 荚	*Gleditsia sinensis*	豆 科	20	阳性，耐寒，耐干旱，抗污染力强	树冠广阔，叶密荫浓；庭荫树	华北至华南
	山皂荚	*G. japonica*	豆 科	15～25	阳性，耐寒，耐干旱，抗污染力强	树冠广阔，叶密荫浓；庭荫树，行道树	东北、华北至华东
	凤凰木	*Delonix regia*	豆 科	15～20	阳性，喜暖热气候，不耐寒，速生	花红色，美丽，5～8月；庭荫观赏树，行道树	两广南部及滇南
	合 欢	*Albizia julibrissin*	豆 科	10～15	阳性，耐寒，耐干旱瘠薄	花粉红色，6～7月；庭荫观赏树，行道树	华北至华南
	槐 树	*Sophora japonica*	豆 科	15～25	阳性，耐寒，抗性强，耐修剪	枝叶茂密，树冠宽广；庭荫树，行道树	华北、西北、长江流域
	龙爪槐	*S. j.* cv. Pendula	豆 科	3～5	阳性，耐寒	枝下垂，树冠伞形；庭园观赏，对植，列植	华北、西北、长江流域
	刺 槐	*Robinia pseudoacacia*	豆 科	15～25	阳性，适应性强，浅根性，生长快	花白色，5月；行道树，庭荫树，防护林	南北各地
	喜 树	*Camptotheca acuminata*	蓝果树科	20～25	阳性，喜温暖，不耐寒，生长快	庭荫树，行道树	长江以南地区
	刺 楸	*Kalopana xseptemlobus*	五加科	10～15	弱阳性，适应性强，深根性，速生	庭荫树，行道树	南北各地
	枫 香	*Liquidambar formosana*	金缕梅科	30	阳性，喜温暖湿润气候，耐干瘠	秋叶红艳，庭荫树，风景林	长江流域及其以南地区
	悬铃木	*Platanus acerifolia*	悬铃木科	15～25	阳性，喜温暖，抗污染，耐修剪	冠大荫浓；行道树，庭荫树	华北南部至长江流域
	毛白杨	*Populus tomentosa*	杨柳科	20～30	阳性，喜温凉气候，抗污染，速生	行道树，庭荫树，防护林	华北、西北、长江下游
	银白杨	*P. alba*	杨柳科	15～25	阳性，适应寒冷干燥气候	行道树，庭荫树，风景林，防护林	西北、华北、东北南部
	新疆杨	*P. alba* cv. Pyramidalis	杨柳科	20～25	阳性，耐大气干旱及盐渍土	树冠圆柱形，优美；行道树，风景树，防护林	西北、华北
	加 杨	*P. × canadensis*	杨柳科	25～30	阳性，喜温凉气候，耐水湿、盐碱	行道树，庭荫树，防护林	华北至长江流域
	钻天杨	*P. nigra* cv. ltalica	杨柳科	30	阳性，喜温凉气候，耐水湿	树冠圆柱形，行道树，防护林，风景树	华北、东北、西北
	箭杆杨	*P. nigra* cv. Thevestina	杨柳科	30	阳性，适应干冷气候，稍耐盐碱土	树冠圆柱形，行道树，防护林，风景树	西北
	青 杨	*P. cathayana*	杨柳科	30	阳性，耐干冷气候，生长快	行道树，庭荫树，防护林	北部及西北部
	旱 柳	*Salix matsudana*	杨柳科	15～20	阳性，耐寒，耐湿，耐旱，速生	庭荫树，行道树，护岸树	东北、华北、西北
	涤 柳	*S. m.* cv. Pendula	杨柳科	15	阳性，耐寒，耐湿，耐旱，速生	小枝下垂；庭荫树，行道树，护岸树	东北、华北、西北

（续）

生态型	中名	学名	科名	高度(m)	习性	观赏特性及园林用途	适用地区
落叶阔叶乔木	馒头柳	*S. m.* cv. Umbraculifera	杨柳科	10～15	阳性，耐寒，耐湿，耐旱，速生	树冠半球形；庭荫树，行道树，护岸树	东北、华北、西北
	龙爪柳	*S. m.* cv. Tortuosa	杨柳科	10	阳性，耐寒，生长势较弱，寿命短	枝条扭曲如龙游；庭荫树，观赏树	东北、华北、西北
	垂柳	*S. babylonica*	杨柳科	18	阳性，喜温暖及水湿，耐旱，速生	枝细长下垂，庭荫树，观赏树，护岸树	长江流域至华南地区
	白桦	*Betula platyphylla*	桦木科	15～20	阳性，耐严寒，喜酸性土，速生	树皮白色美丽；庭荫树，行道树，风景林	东北、华北（高山）
	板栗	*Castanea mollissima*	山毛榉科	15	阳性，适应性强，深根性	庭荫树，干果树	辽宁、华北至华南、西南
	麻栎	*Quercus acutissima*	山毛榉科	25	阳性，适应性强，耐干旱瘠薄	庭荫树，防护林	辽宁、华北至华南
	栓皮栎	*Q. variabilis*	山毛榉科	25	阳性，适应性强，耐干旱瘠薄	庭荫树，防护林	华北至华南、西南
	核桃	*Juglans regia*	胡桃科	15～25	阳性，耐干冷气候，不耐湿热	庭荫树，行道树，干果树	华北、西北至西南
	核桃楸	*J. mandshurica*	胡桃科	20	阳性，耐寒性强	庭荫树，行道树	东北、华北
	薄壳山核桃	*Carya illinoensis*	胡桃科	20～25	阳性，喜温湿气候，较耐水湿	庭荫树，行道树，干果树	华东
	枫杨	*Pterocarya stenoptera*	胡桃科	20～30	阳性，适应性强，耐水湿，速生	庭荫树，行道树，护岸树	长江流域、华北
	榆树	*Ulmus pumila*	榆科	20	阳性，适应性强，耐旱，耐盐碱土	庭荫树，行道树，防护林	东北、华北至长江流域
	榔榆	*U. paruifolia*	榆科	15	弱阳性，喜温暖，抗烟尘及毒气	树形优美；庭荫树，行道树，盆景	长江流域及其以南地区
	榉树	*Zelkova schneideriana*	榆科	15	弱阳性，喜温暖，耐烟尘，抗风	树形优美；庭荫树，行道树，盆景	长江中下游地区至华南
	小叶朴	*Celtis bungeana*	榆科	10～15	中性，耐寒，耐干旱，抗有毒气体	庭荫树，绿化造林，盆景	东北南部、华北
	朴树	*C. tetrandra* ssp. *sinensis*	榆科	15～20	弱阳性，喜温暖，抗烟尘及毒气	庭荫树，盆景	江淮流域至华南
	桑树	*Morus alba*	桑科	10～15	阳性，适应性强，抗污染，耐水湿	庭荫树，工厂绿化	南北各地
	构树	*Broussonetia papyrifera*	桑科	15	阳性，适应性强，抗污染，耐干瘠	庭荫树，行道树，工厂绿化	华北至华南
	黄葛树	*Ficus virens* var. *sublanceolata*	桑科	15～25	阳性，喜温热气候，不耐寒，耐热	冠大荫浓；庭荫树，行道树	华南、西南
	杜仲	*Eucommia ulmoides*	杜仲科	15～20	阳性，喜温暖湿润气候，较耐寒	庭荫树，行道树	长江流域、华北南部
	糠椴	*Tilia mandshurica*	椴树科	15	弱阳性，喜冷冻湿润气候，耐寒	树姿优美，枝叶茂密；庭荫树，行道树	东北、华北

（续）

生态型	中 名	学 名	科 名	高 度(m)	习 性	观赏特性及园林用途	适用地区
落叶阔叶乔木	蒙 椴	*T. mongolica*	椴树科	5～10	中性，喜冷冻湿润气候，耐寒	树姿优美，枝叶茂密；庭荫树，行道树	东北、华北
	紫 椴	*T. amurensis*	椴树科	15～20	中性，耐寒性强，抗污染	树姿优美，枝叶茂密；庭荫树，行道树	东北、华北
	梧 桐	*Firiniana simplex*	梧桐科	10～15	阳性，喜温暖湿润，抗污染，怕涝	枝干青翠，叶大荫浓；庭荫树，行道树	长江流域、华北南部
	木 棉	*Bombax malabaricum*	木棉科	25～35	阳性，喜暖热气候，耐干旱，速生	花大，红色，2～3月；行道树，庭荫观赏树	华南
	乌 桕	*Sapium sebiferum*	大戟科	10～15	阳性，喜温暖气候，耐水湿，抗风	秋叶红艳；庭荫树，堤岸树	长江流域至珠江流域
	重阳木	*Bischofia polycarpa*	大戟科	10～15	阳性，喜温暖气候，耐水湿，抗风	行道树，庭荫树，堤岸树	长江中下游地区
	丝绵木	*Euonymus bungeanus*	卫矛科	6	中性，耐寒，耐水湿，抗污染	枝叶秀丽，秋果红色；庭荫树，水边绿化	东北南部至长江流域
	沙 枣	*Elaeagnus angustifolia*	胡颓子科	5～10	阳性，耐干旱、低湿及盐碱	叶银白色，花黄色，7月；庭荫树，风景树	西北、华北、东北
	枳 椇	*Hovenia dulcis*	鼠李科	10～20	阳性，喜温暖气候	叶大荫浓；庭荫树，行道树	长江流域及其以南地区
	柿 树	*Diospyros kaki*	柿树科	10～15	阳性，喜温暖，耐寒，耐干旱	秋叶红色，果橙黄色，秋季；庭荫树，果树	东北南部至华南、西南
	臭 椿	*Ailanthus altissima*	苦木科	20～25	阳性，耐干瘠、盐碱，抗污染	树形优美；庭荫树，行道树，工厂绿化	华北、西北至长江流域
	楝 树	*Melia azedarach*	楝科	10～15	阳性，喜温暖，抗污染，生长快	花紫色，5月；庭荫树，行道树，四旁绿化	华北南部至华南、西南
	川 楝	*M. toosendan*	楝科	15	阳性，喜温暖，不耐寒，生长快	庭荫树，行道树，四旁绿化	中部至西南部
	栾 树	*Koelreuteria paniculata*	无患子科	10～12	阳性，较耐寒，耐干旱，抗烟尘	花金黄，6～7月；庭荫树，行道树，观赏树	辽宁、华北至长江流域
	全缘栾树	*K. bipinnata* var. *integrifolia*	无患子科	15	阳性，喜温暖气候，不耐寒	花金黄，8～9月，果淡红；庭荫树，行道树	长江以南地区
	无患子	*Sapindus mukorossi*	无患子科	15～20	弱阳性，喜温湿，不耐寒，抗风	树冠广卵形；庭荫树，行道树	长江流域及其以南地区
	黄连木	*Pistacia chinensis*	漆树科	15～20	弱阳性，耐干旱瘠薄，抗污染	秋叶橙黄或红色；庭荫树，行道树	华北至华南、西南
	南酸枣	*Choerospondias axillaris*	漆树科	20	阳性，喜温暖，耐干瘠，生长快	冠大荫浓；庭荫树，行道树	长江以南及西南各地
	火炬树	*Rhus chinensis*	漆树科	4～6	阳性，适应性强，抗旱，耐盐碱	秋叶红艳；风景林，荒山造林	华北、西北、东北南部
	元宝枫	*Acer truncatum*	槭树科	10	中性，喜温凉气候，抗风	秋叶黄或红色；庭荫树，行道树，风景林	华北、东北南部
	三角枫	*A. buergerianum*	槭树科	10～15	弱阳性，喜温湿气候，较耐水湿	庭荫树，行道树，护岸树，绿篱	长江流域各地

（续）

生态型	中名	学名	科名	高度(m)	习性	观赏特性及园林用途	适用地区
落叶阔叶乔木	茶条槭	*A. ginnala*	槭树科	6	弱阳性，耐寒，抗烟尘	秋叶红色，翅果成熟前红色；庭园风景林	东北、华北至长江流域
	羽叶槭	*A. negundo*	槭树科	15	阳性，喜冷凉气候，耐烟尘	庭荫树，行道树，防护林	东北、华北
	七叶树	*Aesculus chinensis*	七叶树科	20	弱阳性，喜温暖湿润，不耐严寒	花白色，5～6月；庭荫树，行道树，观赏树	黄河中下游至华东
	流苏树	*Chionanthus retusus*	木犀科	6～15	阳性，耐寒，也喜温暖	花白色美丽，5月；庭荫观赏树，丛植，孤植	黄河中下游及其以南
	白蜡树	*Fraxinus chinensis*	木犀科	10～15	弱阳性，耐寒，耐低湿，抗烟尘	庭荫树，行道树，堤岸树	东北、华北至长江流域
	洋白蜡	*F. pennsylvanica*	木犀科	10～15	阳性，耐寒，耐低湿	庭荫树，行道树，防护林	东北南部、华北
	绒毛白蜡	*F. velutina*	木犀科	8～12	阳性，耐低洼、盐碱地，抗污染	庭荫树，行道树，工厂绿化	华北
	水曲柳	*F. mandshurica*	木犀科	10～20	弱阳性，耐寒，喜肥沃湿润土壤	庭荫树，行道树	东北
	梓树	*Catalpa ovata*	紫葳科	10～15	弱阳性，适生于温带地区，抗污染	花黄白色，5～6月，庭荫树，行道树	黄河中下游地区
	楸树	*C. bungei*	紫葳科	10～20	弱阳性，喜温和气候，抗污染	白花有紫斑，5月；庭荫观赏树，行道树	黄河流域至淮河流域
	蓝花楹	*Jacaranda acutifolia*	紫葳科	10～15	阳性，喜暖热气候，不耐寒	花蓝色美丽，5月，庭荫观赏树，行道树	华南
	大花紫薇	*Largerstroemia speciosa*	千屈菜科	8～12	阳性，喜暖热气候，不耐寒	花淡紫红色，夏秋；庭荫观赏树，行道树	华南
	泡桐	*Paulownia fortunei*	玄参科	15～20	阳性，喜温暖气候，不耐寒，速生	花白色，4月；庭荫树，行道树	长江流域及其以南地区
	毛泡桐	*P. tomentosa*	玄参科	10～15	强阳性，喜温暖，较耐寒，速生	白花有紫斑，4～5月；庭荫树，行道树	黄河中下游至淮河流域
	苏铁	*Cycas revoluta*	苏铁科	2	中性，喜温暖湿润气候及酸性土	姿态优美；庭园观赏，盆栽，盆景	华南、西南
	含笑	*Michelia figo*	木兰科	2～3	中性，喜温暖湿润气候及酸性土	花淡紫色，浓香，4～5月；庭园观赏，盆栽	长江以南地区
	枇杷	*Eriobotrya japonica*	蔷薇科	4～6	弱阳性，喜温暖湿润，不耐寒	叶大荫浓，初夏黄果；庭园观赏，果树	南方各地
	石楠	*Photinia serrulata*	蔷薇科	3～5	弱阳性，喜温暖，耐干旱瘠薄	嫩叶红色，秋冬红果；庭园观赏，丛植	华东、中南、西南
	洒金珊瑚	*Aucuba japonica* cv. Variegata	山茱萸科	2～3	阴性，喜温暖湿润，不耐寒	叶有黄斑点，果红色；庭园观赏，盆栽	长江以南各地
	珊瑚树	*Viburnum awabuki*	忍冬科	3～5	中性，喜温暖，抗烟尘，耐修剪	白花6月，红果9～10月；绿篱；庭园观赏	长江流域及其以南地区
	黄杨	*Buxus sinica*	黄杨科	2～3	中性，抗污染，耐修剪，生长慢	枝叶细密；庭园观赏，丛植，绿篱，盆栽	华北至华南、西南

（续）

生态型	中 名	学 名	科 名	高 度 (m)	习 性	观赏特性及园林用途	适用地区
落叶阔叶乔木	雀舌黄杨	*B. bodinieri*	黄杨科	0.5~1	中性，喜温暖，不耐寒，生长慢	枝叶细密；庭园观赏，丛植，绿篱，盆栽	长江流域及其以南地区
	海 桐	*Pittosporum tobira*	海桐科	2~4	中性，喜温湿，不耐寒，抗海潮风	白花芳香，5月；基础种植，绿篱，盆栽	长江流域及其以南地区
	山茶花	*Camellia japonica*	山茶科	2~5	中性，喜温湿气候及酸性土壤	花白、粉、红色，2～4月；庭园观赏，盆栽	长江流域及其以南地区
	茶 梅	*C. sasanqua*	山茶科	3~6	弱阳性，喜温暖气候及酸性土壤	花白、粉、红色，11～1月；庭园观赏，绿篱	长江以南地区
	枸 骨	*Ilex cornuta*	冬青科	1.5~3	弱阳性，抗有毒气体，生长慢	绿叶红果，甚美丽；基础种植，丛植，盆栽	长江中下游各地
	大叶黄杨	*Euonymus japonica*	卫矛科	2~5	中性，喜温湿气候，抗有毒气体	观叶；绿篱，基础种植，丛植，盆栽	华北南部至华南、西南
	胡颓子	*Elaeagnus pungens*	胡颓子科	2~3	弱阳性，喜温暖，耐干旱、水湿	秋花银白芳香，红果5月；基础种植，盆景	长江中下游及其以南地区
	云南黄素馨	*Jasminum mesnyi*	木犀科	1.5~3	中性，喜温暖，不耐寒	枝拱垂，花黄色，4月；庭园观赏，盆栽	长江流域、华南、西南
	夹竹桃	*Nerium indicum*	夹竹桃科	2~4	阳性，喜温暖湿润气候，抗污染	花粉红色，5～10月，庭园观赏，花篱，盆栽	长江以南地区
	栀 子	*Gardenia jasminoides*	茜草科	1~1.6	中性，喜温暖气候及酸性土壤	花白色，浓香，6～8月；庭园观赏，花篱	长江流域及其以南地区
	南天竹	*Nandina domestica*	小檗科	1~2	中性，耐荫，喜温暖湿润气候	枝叶秀丽，秋冬红果；庭园观赏，丛植，盆栽	长江流域及其以南地区
	十大功劳	*Mahonia fortunei*	小檗科	1~1.5	耐阴，喜温暖湿润气候，不耐寒	花黄色，果蓝黑色；庭园观赏，丛植，绿篱	长江流域及其以南地区
	凤尾兰	*Yucca gloriosa*	百合科	1.5~3	阳性，喜亚热带气候，不耐严寒	花乳白色，夏、秋；庭园观赏，丛植	华北南部至华南
	丝 兰	*Y. flaccida*	百合科	0.5~2	阳性，喜亚热带气候，不耐严寒	花乳白色，6～7月；庭园观赏，丛植	华北南部至华南
	棕 竹	*Rhapis humilis*	棕榈科	1.5~3	阴性，喜湿润的酸性土，不耐寒	观叶；庭园观赏，丛植，基础种植，盆栽	华南、西南
	筋头竹	*R. excelsa*	棕榈科	2~3	阴性，喜湿润的酸性土，不耐寒	观叶；庭园观赏，丛植，基础种植，盆栽	华南、西南
落叶阔叶小乔木及灌木	玉 兰	*Magnolia denudata*	木兰科	4~8	阳性，稍耐荫，颇耐寒，怕积水	花大洁白，3～4月；庭园观赏，对植，列植	华北至华南、西南
	紫玉兰	*M. liliflora*	木兰科	2~4	阳性，喜温暖，不耐严寒	花大紫色，3～4月；庭园观赏，丛植	华北至华南、西南
	二乔玉兰	*M.× soulangeana*	木兰科	3~6	阳性，喜温暖气候，较耐寒	花白带淡紫色，3～4月；庭园观赏	华北至华南、西南
	白鹃梅	*Exochorda racemosa*	蔷薇科	2~3	弱阳性，喜温暖气候，较耐寒	花白色美丽，4月；庭园观赏，丛植	华北至长江流域
	笑靥花	*Spiraea prunifolia*	蔷薇科	1.5~2	阳性，喜温暖湿润气候	花小，白色美丽，4月；庭园观赏，丛植	长江流域及其以南地区

（续）

生态型	中名	学名	科名	高度(m)	习性	观赏特性及园林用途	适用地区
落叶阔叶小乔木及灌木	珍珠花	*S. thunbergii*	蔷薇科	1.5~2	阳性,喜温暖气候,较耐寒	花小,白色美丽,4月;庭园观赏,丛植	东北南部、华北至华南
	麻叶绣线菊	*S. cantoniensis*	蔷薇科	1~1.5	中性,喜温暖气候	花小,白色美丽,4月;庭园观赏,丛植	长江流域及其以南地区
	菱叶绣线菊	*S.* × *vanhouttei*	蔷薇科	1~2	中性,喜温暖气候,较耐寒	花小,白色美丽,4~5月;庭园观赏,丛植	华北至华南、西南
	粉花绣线菊	*S. japonica*	蔷薇科	1~2	阳性,喜温暖气候	花粉红色,6~7月;庭园观赏,丛植,花篱	华北南部至长江流域
	珍珠梅	*Sorbaria kirilowii*	蔷薇科	1.5~2	耐荫,耐寒,对土壤要求不严	花小,白色,6~8月;庭园观赏,丛植,花篱	华北、西北、东北南部
	月季	*Rosa chinensis*	蔷薇科	1~1.5	阳性,喜温暖气候,较耐寒	花红、紫色,5~10月;庭园观赏,丛植,盆栽	东北南部至华南、西南
	现代月季	*R. hybrida*	蔷薇科	1~1.5	阳性,喜温暖气候,较耐寒	花色丰富,5~10月;庭植,专类园,盆栽	东北南部至华南、西南
	玫瑰	*R. rugosa*	蔷薇科	1~2	阳性,耐寒,耐干旱,不耐积水	花紫红色,5月;庭园观赏,丛植,花篱	东北、华北至长江流域
	黄刺玫	*R. xanthina*	蔷薇科	1.5~2	阳性,耐寒,耐干旱	花黄色,4~5月;庭园观赏,丛植,花篱	华北、西北、东北南部
	棣棠	*Kerria japonica*	蔷薇科	1~2	中性,喜温暖湿润气候,较耐寒	花金黄,4~5月,枝干绿色;丛植,花篱	华北至华南、西南
	鸡麻	*Rhodotypos scandens*	蔷薇科	1~2	中性,喜温暖气候,较耐寒	花白色,4~5月;庭园观赏,丛植	北部至中部、东部
	杏	*Prunus armeniaca*	蔷薇科	5~8	阳性,耐寒,耐干旱,不耐涝	花粉红,3~4月;庭园观赏,片植,果树	东北、华北至长江流域
	梅	*P. mume*	蔷薇科	3~6	阳性,喜温暖气候,怕涝,寿命长	花红,粉、白色,芳香,2~3月;庭植,片植	长江流域及其以南地区
	桃	*P. persica*	蔷薇科	3~5	阳性,耐干旱,不耐水湿	花粉红色,3~4月;庭园观赏,片植,果树	东北南部、华北至华南
	碧桃	*P. persica* cv. Duplex	蔷薇科	3~5	阳性,耐干旱,不耐水湿	花粉红色,重瓣,3~4月;庭植,片植,列植	东北南部、华北至华南
	山桃	*P. davidiana*	蔷薇科	4~6	阳性,耐寒,耐干旱,耐碱土	花淡粉,白色,3~4月;庭园观赏,片植	东北、华北、西北
	紫叶李	*P. cerasifera* cv. Atropurpurea	蔷薇科	3~5	弱阳性,喜温暖湿润气候,较耐寒	叶紫红色,花淡粉红色,3~4月;庭园点缀	华北至长江流域
	樱花	*P. serrulata*	蔷薇科	3~5	阳性,较耐寒,不耐烟尘和毒气	花粉白色,4月;庭园观赏,丛植,行道树	东北、华北至长江流域
	东京樱花	*P.* × *yedoensis*	蔷薇科	5~8	阳性,较耐寒,不耐烟尘	花粉白色,4月;庭园观赏,丛植,行道树	华北至长江流域
	日本晚樱	*P. lannesiana*	蔷薇科	4~6	阳性,喜温暖气候,较耐寒	花粉红色,4月;庭园观赏,丛植,行道树	华北至长江流域
	榆叶梅	*P. triloba*	蔷薇科	1.5~3	弱阳性,耐寒,耐干旱	花粉、红、紫色,4月;庭园观赏,丛植,列植	东北南部、华北、西北

(续)

生态型	中名	学名	科名	高度(m)	习性	观赏特性及园林用途	适用地区
落叶阔叶小乔木及灌木	郁李	*P. japonica*	蔷薇科	1~1.5	阳性,耐寒,耐干旱	花粉、白色,4月,果红色;庭园观赏,丛植	东北、华北至华南
	麦李	*Prunus glandulosa*	蔷薇科	1~1.5	阳性,较耐寒,适应性强	花粉、白色,4月,果红色;庭园观赏,丛植	华北至长江流域
	平枝栒子	*Cotoneaster horizontalis*	蔷薇科	0.5	阳性,耐寒,适应性强	匍匐状,秋冬果鲜红色;基础种植,岩石园	华北、西北至长江流域
	火棘	*Pyracantha fortuneana*	蔷薇科	2~3	阳性,喜温暖气候,不耐寒	春白花,秋冬红果色;基础种植,丛植,篱植	华东、华中、西南
	山楂	*Crataegus pinnatifida*	蔷薇科	3~5	弱阳性,耐寒,耐干旱瘠薄土壤	春白花,秋红果;庭园观赏,园路树,果树	东北南部、华北
	木瓜	*Chaenomeles sinensis*	蔷薇科	3~5	阳性,喜温暖,不耐低湿和盐碱土	花粉红色,4~5月,秋果黄色;庭园观赏	长江流域至华南
	贴梗海棠	*C. speciosa*	蔷薇科	1~2	阳性,喜温暖气候,较耐寒	花粉、红色,4月,秋果黄色;庭园观赏	华北至长江流域
	海棠果	*Malus prunifolia*	蔷薇科	4~6	阳性,耐寒性强,耐旱,耐碱土	花白色,4~5月;秋果红色;庭园观赏,果树	东北、华北、西北
	海棠花	*M. spectabilis*	蔷薇科	4~6	阳性,耐寒,耐干旱,忌水湿	花粉红色,单或重瓣,4~5月;庭园观赏	东北南部、华北、华东
	垂丝海棠	*M. halliana*	蔷薇科	3~5	阳性,喜温暖湿润,耐寒性不强	花鲜玫瑰红色,4~5月;庭园观赏,丛植	华北南部至长江流域
	白梨	*Pyrus bretschneideri*	蔷薇科	4~6	阳性,喜干冷气候,耐寒	花白色,4月;庭园观赏,果树	东北南部、华北、西北
	沙梨	*P. pyrifolia*	蔷薇科	5~8	阳性,喜温暖湿润气候	花白色,3~4月;庭园观赏,果树	长江流域至华南、西南
	蜡梅	*Chimonanthus praecox*	蜡梅科	1.5~2	阳性,喜湿暖,耐干旱,忌水湿	花黄色,浓香,1~2月;庭园观赏,盆栽	华北南部至长江流域
	紫荆	*Cercis chinensis*	豆科	2~3	阳性,耐干旱瘠薄,不耐涝	花紫红色,3~4月叶前开放;庭园观赏,丛植	华北、西北至华南
	毛刺槐	*Robinia hispida*	豆科	2	阳性,耐寒,喜排水良好土壤	花紫粉色,6~7月;庭园观赏,草坪丛植	东北、华北
	紫穗槐	*Amorpha fruticosa*	豆科	1~2	阳性,耐水湿,干瘠和轻盐碱土	花暗紫色,5~6月;护坡固堤,林带下木	南北各地
	锦鸡儿	*Caragana sinica*	豆科	1~1.5	中性,耐寒,耐干旱瘠薄	花橙黄色,4月;庭园观赏,岩石园,盆景	华北至长江流域
	胡枝子	*Lespedeza bicolor*	豆科	1~2	中性,耐寒,耐干旱瘠薄	花紫红色,8月;庭园观赏,护坡,林带下木	东北至黄河流域
	太平花	*Philadelphus pekinensis*	虎耳草科	1~2	弱阳性,耐寒,怕涝	花白色,5~6月;庭园观赏,丛植,花篱	华北、东北、西北
	山梅花	*P. incanus*	虎耳草科	2~3	弱阳性,较耐寒,耐旱、忌水湿	花白色,5~6月;庭园观赏,丛植,花篱	华北、华中、西北
	溲疏	*Deutzia scabra*	虎耳草科	1~2	弱阳性,喜温暖,耐寒性不强	花白色,5~6月;庭园观赏,丛植,花篱	长江流域各地

（续）

生态型	中名	学名	科名	高度（m）	习性	观赏特性及园林用途	适用地区
落叶阔叶小乔木及灌木	红瑞木	*Cornus alba*	山茱萸科	1.5~3	中性，耐寒，耐湿，也耐干旱	茎枝红色美丽，果白色；庭园观赏，草坪丛植	东北、华北
	四照花	*C. kousa* var. *chinensis*	山茱萸科	3~5	中性，喜温暖气候，耐寒性不强	花黄白色，5~6月，秋果粉红；庭园观赏	华北南部至长江流域
	糯米条	*Abelia chinensis*	忍冬科	1~2	中性，喜温暖，耐干旱，耐修剪	花白带粉色，芳香，8~9月；庭园观赏，花篱	长江流域至华南
	猬实	*Kolkwitzia amabilis*	忍冬科	2~3	阳性，颇耐寒，耐干旱瘠薄	花粉红色，5月，果似刺猬；庭园观赏，花篱	华北、西北、华中
	锦带花	*Weigela florida*	忍冬科	1~2	阳性，耐寒，耐干旱，怕涝	花玫瑰红色，4~5月；庭园观赏，草坪丛植	东北、华北
	海仙花	*W. coraeensis*	忍冬科	2~3	弱阳性，喜温暖，颇耐寒	花黄白色变红，5~6月；庭园观赏，草坪丛植	华北、华东、华中
	木本绣球	*Viburnum macrocephalum*	忍冬科	2~3	弱阳性，喜温暖，不耐寒	花白色，成绣球形，5~6月；庭植观花	华北南部至长江流域
	蝴蝶树	*V. plicatum* f. *tomentosa*	忍冬科	2~3	中性，耐寒，耐干旱	花白色，4~5月，秋果红色；庭园观赏	长江流域至华南、西南
	天目琼花	*V. sargentii*	忍冬科	2~3	中性，较耐寒	花白色，5~6月，秋果红色，庭植观花观果	东北、华北至长江流域
	香荚蒾	*V. farreri*	忍冬科	2~3	中性，耐寒，耐干旱	花白色，芳香，4月；庭植观花	华北、西北
	金银木	*Lonicera maackii*	忍冬科	3~4	阳性，耐寒，耐干旱，萌蘖性强	花白、黄色，5~7月，秋果红色；庭园观赏	南北各地
	接骨木	*Sambucus williamsii*	忍冬科	2~4	弱阳性，喜温暖，抗有毒气体	花小，白色，4~5月，秋果红色；庭园观赏	南北各地
	无花果	*Ficus carica*	桑科	1~2	中性，喜温暖气候，不耐寒	庭园观赏，盆栽	长江流域及其以南地区
	结香	*Edgeworthia chrysantha*	瑞香科	3~4	阳性，抗旱，涝、盐碱及沙荒	花黄色，芳香，3~4月叶前开放；庭园观赏	长江流域各地
	柽柳	*Tamarix chinensis*	柽柳科	2~3	弱阳性，喜温暖气候，较耐寒	花粉红色，5~8月；庭园观赏，绿篱	华北至华南、西南
	木槿	*Hibiscus syriacus*	锦葵科	2~3	阳性，喜温暖气候，不耐寒	花淡紫、白、粉红色，7~9月；丛植，花篱	华北至华南
	木芙蓉	*H. mutabilis*	锦葵科	1~2	中性偏阴，喜温湿气候及酸性土	花粉红色，9~10月；庭园观赏，丛植，列植	长江流域及其以南地区
	杜鹃	*Rhododendron simsii*	杜鹃花科	1~2	中性，喜温湿气候及酸性土	花深红色，4~5月；庭园观赏，盆栽	长江流域及其以南地区
	白花杜鹃	*R. mucronatum*	杜鹃花科	0.5~1	中性，喜温暖气候，不耐寒	花白色，4~5月；庭园观赏，盆栽	长江流域
	金丝桃	*Hypericum chinense*	藤黄科	2~5	阳性，喜温暖气候，较耐干旱	花金黄色，6~7月；庭园观赏，草坪丛植	长江流域及其以南地区
	石榴	*Punica granatum*	石榴科	2~3	中性，耐寒，适应性强	花红色，5~6月，果红色；庭园观赏，果树	黄河流域及其以南地区

（续）

生态型	中　名	学　名	科　名	高　度（m）	习　性	观赏特性及园林用途	适用地区
落叶阔叶小乔木及灌木	秋胡颓子	*Elaeagnus umbellata*	胡颓子科	3～5	阳性，喜温暖气候，不耐严寒	秋果橙红色；庭园观赏，绿篱，林带下木	长江流域及其以北地区
	花　椒	*Zanthoxylum bungeanum*	芸香科	3～5	阳性，喜温暖气候，较耐寒	丛植，刺篱	华北、西北至华南
	枸　橘	*Poncirus trifoliata*	芸香科	3～5	阳性，耐寒，耐干旱及盐碱土	花白色，4月，果黄绿，香；丛植，刺篱	黄河流域至华南
	文冠果	*Xanthoceras sorbifolia*	无患子科	3～5	中性，耐寒	花白色，4～5月；庭园观赏，丛植，列植	东北南部、华北、西北
	黄　栌	*Cotinus coggygria*	漆树科	3～5	中性，喜温暖气候，不耐寒	霜叶红艳美丽；庭园观赏，片植，风景林	华北
	鸡爪槭	*Acer palmatum*	槭树科	2～5	中性，喜温暖气候，不耐寒	叶形秀丽，秋叶红色；庭园观赏，盆栽	华北南部至长江流域
	红　枫	*A. p.* cv. Atropurpureum	槭树科	1.5～2	中性，喜温暖气候，不耐寒	叶常年紫红色；庭园观赏，盆栽	华北南部至长江流域
	羽毛枫	*A. p.* cv. Dissectum	槭树科	1.5～2	中性，喜温暖气候，不耐寒	树冠开展，叶片细裂；庭园观赏，盆栽	长江流域
	红羽毛枫	*A. p.* cv. Dissectum Ornatum	槭树科	1.5～2	阳性，喜温暖气候，不耐水湿	树冠开展，叶片细裂；红色；庭园观赏，盆栽	长江流域
	醉鱼草	*Buddleia lindleyana*	马钱科	2～3	中性，喜温暖气候，耐修剪	花紫色，6～8月；庭园观赏，草坪丛植	长江流域及其以南地区
	小　蜡	*Ligustrum sinensis*	木犀科	2～3	中性，喜温暖，较耐寒，耐修剪	花小，白色，5～6月；庭园观赏，绿篱	长江流域及其以南地区
	小叶女贞	*L. quihoui*	木犀科	1～2	中性，喜温暖气候，较耐寒	花小，白色，5～7月；庭园观赏，绿篱	华北至长江流域
	迎　春	*Jasminum nudiflorum*	木犀科			花黄色，早春叶前开放；庭园观赏，丛植	华北至长江流域
	丁　香	*Syringa oblata*	木犀科	2～3	弱阳性，耐寒，耐旱，忌低湿	花紫色，香，4～5月；庭园观赏，草坪丛植	东北南部、华北、西北
	暴马丁香	*S. reticulata* var. *mandshurica*	木犀科	5～8	阳性，耐寒，喜湿润土壤	花白色，6月；庭园观赏，庭荫树，园路树	东北、华北、西北
	连　翘	*Forsythia suspensa*	木犀科	2～3	阳性，耐寒，耐干旱	花黄色，3～4月叶前开放；庭园观赏，丛植	东北、华北、西北
	金钟花	*F. viridissima*	木犀科	1.5～3	阳性，喜温暖气候，较耐寒	花金黄色，3～4月叶前开放；庭园观赏，丛植	华北至长江流域
	雪　柳	*Fomtanesia fortuner*	木犀科	3～5	中性，耐寒，适应性强，耐修剪	花小白色，5～6月；绿篱，丛植，林带下木	东北南部至长江中下游
	紫　珠	*Callicarpa dichotoma*	马鞭草科	1～2	中性，喜温暖气候，较耐寒	果紫色美丽，秋冬；庭园观赏，丛植	华北、华东、中南
	海州常山	*Clerodendron trichotoma*	马鞭草科	2～4	中性，喜温暖气候，耐干旱、水湿	白花，7～8月；紫萼蓝果，9～10月；庭植	华北至长江流域
	牡　丹	*Paeonia suffruticosa*	毛茛科	1～2	中性，耐寒，要求排水良好土壤	花白、粉、红、紫色，4～5月；庭园观赏	华北、西北、长江流域

（续）

生态型	中 名	学 名	科 名	高 度 (m)	习 性	观赏特性及园林用途	适用地区
落叶阔叶小乔木及灌木	小 檗	*Berberis thunbergii*	小檗科	1～2	中性，耐寒，耐修剪	花淡黄色，5月，秋果红色；庭园观赏，绿篱	华北、西北、长江流域
	紫叶小檗	*B.t.*cv. Atropurpurea	小檗科	1～2	中性，耐寒，要求阳光充足	叶常年紫红色，秋果红色；庭园点缀，丛植	华北、西北、长江流域
	紫 薇	*Lagerstroemia indica*	千屈菜科	2～4	阳性，喜温暖气候，不耐严寒	花紫、红色，7～9月；庭园观赏，园路树	华北至华南、西南
藤本植物	铁线莲	*Clematis florida*	毛茛科	4	中性，喜温暖，不耐寒，半常绿	花白色，夏季；攀缘篱垣、棚架、山石	长江中下游至华南
	木 通	*Akebia quinata*	木通科	10	中性，喜温暖，不耐寒，落叶	花暗紫色，4月；攀缘篱垣、棚架、山石	长江流域至华南
	三叶木通	*A. trifoliata*	木通科	8	中性，喜温暖，较耐寒，落叶	花暗紫色，5月；攀缘篱垣、棚架、山石	华北至长江流域
	五味子	*Schisandra chinensis*	木兰科	8	中性，耐寒性强，落叶	果红色，8～9月；攀缘篱垣、棚架、山石	东北、华北、华中
	蔷 薇	*Rosa multiflora*	蔷薇科	3～4	阳性，喜温暖，较耐寒，落叶	花白、粉红色，5～6月；攀缘篱垣、棚架等	华北至华南
	十姊妹	*R.m.*cv. Platyphylla	蔷薇科	3～4	阳性，喜温暖，较耐寒，落叶	花深红色，重瓣，5～6月；攀缘篱垣、棚架等	华北至华南
	木 香	*R. banksiae*	蔷薇科	6	阳性，喜温暖，较耐寒，半常绿	花白或淡黄色，芳香，4～5月；攀缘篱架等	华北至长江流域
	紫 藤	*Westeria sinensis*	豆 科	15～20	阳性，耐寒，适应性强，落叶	花堇紫色，4月；攀缘棚架、枯树等	南北各地
	多花紫藤	*W. floribunda*	豆 科	4～8	阳性，喜温暖气候，落叶	花紫色，4月；攀缘棚架、枯树，盆栽	长江流域及其以南地区
	常春藤	*Hedera helix*	五加科		阴性，喜温暖，不耐寒，常绿	绿叶长青；攀缘墙垣、山石，盆栽	长江流域及其以南地区
	中华常春藤	*H. nepalensis* var. *chinensis*	五加科		阴性，喜温暖，不耐寒，常绿	绿叶长青；攀缘墙垣、山石等	长江流域及其以南地区
	猕猴桃	*Actinidia chinensis*	猕猴桃科		中性，喜温暖，耐寒性不强，落叶	花黄白色，6月；攀缘棚架、篱垣，果树	长江流域及其以南地区
	猕猴梨	*A. arguta*	猕猴桃科	25～30	中性，耐寒，落叶	花乳白色，6～7月；攀缘棚架、篱垣等	东北、西北、长江流域
	葡 萄	*Vitis vinifera*	葡萄科		阳性，耐干旱，怕涝，落叶	果紫红或黄白色，8～9月；攀缘棚架、栅篱等	华北、西北、长江流域
	爬山虎	*Parthenocissus tricuspidata*	葡萄科	15	耐荫，耐寒，适应性强，落叶	秋叶红、橙色；攀缘墙面、山石、栅篱等	东北南部至华南
	五叶地锦	*P. quinquefolia*	葡萄科		耐荫，耐寒，喜温湿气候，落叶	秋叶红、橙色；攀缘墙面、山石、栅篱等	东北南部、华北
	薜 荔	*Ficus pumila*	桑 科		耐荫，喜温暖气候，不耐寒，常绿	绿叶长青；攀缘山石、墙垣、树干等	长江流域及其以南地区
	叶子花	*Bougainvillea spectabilis*	紫茉莉科		阳性，喜暖热气候，不耐寒，常绿	花红、紫色，6～12月；攀缘山石、园墙，廊柱	华南、西南

（续）

生态型	中名	学名	科名	高度（m）	习性	观赏特性及园林用途	适用地区
藤本植物	扶芳藤	*Euonymus fortunei*	卫矛科		耐荫，喜温暖气候，不耐寒，常绿	绿叶长青；掩覆墙面、山石、老树干等	长江流域及其以南地区
	胶东卫矛	*E. kiautshovicus*	卫矛科	3～5	耐荫，喜温暖，稍耐寒，半常绿	绿叶红果；攀附花格、墙面、山石，老树干	华北至长江中下游地区
	南蛇藤	*Celastrus orbiculatus*	卫矛科		中性，耐寒，性强健，落叶	秋叶红、黄色；攀缘棚架、墙垣等	东北、华北至长江流域
	金银花	*Lonicera japonica*	忍冬科		喜光，也耐荫，耐寒，半常绿	花黄、白色，芳香，5～7月；攀缘小型棚架	华北至华南、西南
	络石	*Trachelospermum jasminoides*	夹竹桃科		耐荫，喜温暖，不耐寒，常绿	花白色，芳香，5月；攀缘墙垣、山石，盆栽	长江流域各地
	凌霄	*Campsis grandiflora*	紫葳科	9	中性，喜温暖，稍耐寒，落叶	花橘红、红色，7～8月；攀缘墙垣、山石等	华北及其以南各地
	美国凌霄	*C. radicans*	紫葳科	10	中性，喜温暖，耐寒，落叶	花橘红色，7～8月；攀缘墙垣、山石、棚架	华北及其以南各地
	炮仗花	*Pyrostegia ignea*	紫葳科		中性，喜暖热，不耐寒，常绿	花橙红色，夏季；攀缘棚架、墙垣、山石等	华南
竹类植物	孝顺竹	*Bambusa multiplex*	禾本科	2～3	中性，喜温暖湿润气候，不耐寒	秆丛生，枝叶秀丽，庭园观赏	长江以南地区
	凤尾竹	*B. m.* var. *nana*	禾本科	1	中性，喜温暖湿润气候，不耐寒	秆丛生，枝叶细密秀丽；庭园观赏，篱植	长江以南地区
	慈竹	*Dendrocalamus affinis*	禾本科	5～8	阳性，喜温湿气候及肥沃疏松土壤	秆丛生，枝叶茂盛；庭园观赏，防风、护堤林	华中、西南
	菲白竹	*Pleioblastus argenteo-striatus*	禾本科	0.5～1	中性，喜温暖湿润气候，不耐寒	叶有白色纵条纹；绿篱，地被，盆栽	长江中下游地区
	毛竹	*Phyllostachys pubescens*	禾本科	10～20	阳性，喜温暖湿润气候，不耐寒	秆散生，高大；庭园观赏，风景林	长江以南地区
	桂竹	*P. bambusoides*	禾本科	10～15	阳性，喜温暖湿润气候，稍耐寒	秆散生；庭园观赏	淮河流域至长江流域
	斑竹	*P. b.* f. *tanakae*	禾本科	10	阳性，喜温暖湿润气候，稍耐寒	竹秆有紫褐色斑；庭园观赏	华北南部至长江流域
	刚竹	*P. viridis*	禾本科	8～12	阳性，喜温暖湿润气候，稍耐寒	枝叶青翠；庭园观赏	华北南部至长江流域
	罗汉竹	*P. aurea*	禾本科	5～8	阳性，喜温暖湿润气候，稍耐寒	竹秆下部节间肿胀或节环交互歪斜；庭园观赏	华北南部至长江流域
	紫竹	*P. nigra*	禾本科	3～5	阳性，喜温暖湿润气候，稍耐寒	竹秆紫黑色；庭园观赏	华北南部至长江流域
	淡竹	*P. nigra* var. *henonis*	禾本科	7～15	阳性，喜温暖湿润气候，稍耐寒	秆灰绿色；庭园观赏	长江流域及其以南地区
	早园竹	*P. propinqua*	禾本科	5～8	阳性，喜温暖湿润气候，较耐寒	枝叶青翠；庭园观赏	华北至长江流域
	黄槽竹	*P. aureosulcata*	禾本科	3～5	阳性，喜温暖湿润气候，较耐寒	竹秆节间纵槽内黄色；庭园观赏	华北

（续）

生态型	中名	学名	科名	高度(m)	习性	观赏特性及园林用途	适用地区
一二年生花卉	扫帚草	*Kochia scoparia*	藜科	1～1.5	阳性，耐干热瘠薄，不耐寒	株丛圆整翠绿；宜自然丛植，花坛中心，绿篱	全国各地
	五色苋	*Alternanthera bettzichiana*	苋科	0.4～0.5	阳性，喜暖畏寒，宜高燥，耐修剪	株丛紧密，叶小，叶色美丽；毛毡花坛材料	全国各地
	三色苋	*Amaranthus tricolor*	苋科	1～1.4	阳性，喜高燥，忌湿热积水	秋天梢叶艳丽，宜丛植，花境背景，基础栽植	全国各地
	鸡冠花	*Celosia argentea* var. *cristata*	苋科	0.2～0.6	阳性，喜干热，不耐寒，宜肥忌涝	花色多，8～10月；宜花坛，盆栽，干花	全国各地
	凤尾鸡冠	*C. argentea* var. *cristata* f. *plumosa*	苋科	0.6～1.5	阳性，喜干热，不耐寒，宜肥忌涝	花色多，8～10月；宜花坛，盆栽，干花	全国各地
	千日红	*Gomphrena globosa*	苋科	0.4～0.6	阳性，喜干热，不耐寒	花色多，6～10月；宜花坛，盆栽，干花	全国各地
	紫茉莉	*Mirabilis jalapa*	紫茉莉科	0.8～1.2	喜温暖向阳，不耐寒，直根性	花色丰富，芳香，夏至秋；林缘草坪边，庭院	全国各地
	半支莲	*Portulaca grandiflora*	马齿苋科	0.15～0.2	喜暖畏寒，耐干旱瘠薄	花色丰富，6～8月；宜花坛镶边，盆栽	全国各地
	须苞石竹	*Dianthus barbatus*	石竹科	0.6	阳性，耐寒喜肥，要求通风好	花色变化丰富，5～10月；花坛，花境，切花	全国各地
	锦团石竹	*D. chinensis* var. *hedewigii*	石竹科	0.2～0.3	阳性，耐寒喜肥，要求通风好	花色变化丰富，5～10月，宜花坛，岩石园	全国各地
	飞燕草	*Consolida ajacis*	毛茛科	0.3～1.2	阳性，喜高燥凉爽，忌涝，直根性	花色多，5～6月，花序长，宜花带，切花	全国各地
	花菱草	*Eschscholtzia californica*	罂粟科	0.3～0.6	耐寒，喜冷凉，直根性，阳性	叶秀花繁，多黄色，5～6月，花带，丛植	全国各地
	虞美人	*Papaver rhoeas*	罂粟科	0.3～0.6	阳性，喜干燥，忌湿热，直根性	艳丽多采，6月；宜花坛，花丛，花群	全国各地
	银边翠	*Euphorbia marginata*	大戟科	0.5～0.8	阳性，喜温暖，耐旱，直根性	梢叶白或镶白边，林缘地被或切花	全国各地
	凤仙花	*Impatiens balsamina*	凤仙花科	0.3～0.8	阳性，喜暖畏寒，宜疏松肥沃土壤	花色多，6～7月，宜花坛，花篱，盆栽	全国各地
	三色堇	*Viola tricolor*	堇菜科	0.15～0.3	阳性，稍耐半荫，耐寒，喜凉爽	花色丰富艳丽，4～6月；花坛，花径，镶边	全国各地
	月见草	*Oenothera biennis*	柳叶菜科	1～1.5	喜光照充足，地势高燥	花黄色，芳香，6～9月；丛植，花坛，地被	全国各地
	待宵草	*O. drummondii*	柳叶菜科	0.5～0.8	喜光照充足，地势高燥	花黄色，芳香，6～9月；丛植，花坛，地被	全国各地
	大花牵牛	*Pharbitis nil*	旋花科	3	阳性，不耐寒，较耐旱，直根蔓性	花色丰富，6～10月，棚架，篱垣，盆栽	全国各地
	羽叶茑萝	*Quamoclit pennata*	旋花科	6～7	阳性，喜温暖，直根蔓性	花红、粉、白色，夏秋；宜矮篱，棚架，地被	全国各地
	福禄考	*Phlox drummondii*	花葱科	0.15～0.4	阳性，喜凉爽，耐寒力弱，忌碱涝	花色繁多，5～7月；宜花坛，岩石园，镶边	全国各地

（续）

生态型	中 名	学 名	科 名	高 度（m）	习 性	观赏特性及园林用途	适用地区
一二年生花卉	美女樱	*Verbena hybrida*	马鞭草科	0.3～0.5	阳性，喜湿润肥沃，稍耐寒	花色丰富，铺覆地面，6～9月；花坛，地被	全国各地
一二年生花卉	醉蝶花	*Cleome spinosa*	白花菜科	1	喜肥沃向阳，耐半荫，宜直播	花粉繁、白色，6～9月；花坛，丛植，切花	全国各地
一二年生花卉	羽衣甘蓝	*Brassica oleracea* var. *acephala* f. *tricolor*	十字花科	0.3～0.4	阳性，耐寒，喜肥沃，宜凉爽	叶色美，宜凉爽季节花坛，盆栽	全国各地
一二年生花卉	香雪球	*Lobularia maritima*	十字花科	0.15～0.3	阳性，喜凉忌热，稍耐寒耐旱	花白或紫色，6～10月；花坛，岩石园	全国各地
一二年生花卉	紫罗兰	*Matthiola incuna*	十字花科	0.2～0.8	阳性，喜冷凉肥沃，忌燥热	花色丰富，芳香，5月；宜花坛，切花	全国各地
一二年生花卉	一串红	*Salvia splendens*	唇形科	0.7～1	阳性，稍耐半荫，不耐寒，喜肥沃	花红色或白、粉、紫色，7～10月；花坛，盆栽	全国各地
一二年生花卉	矮牵牛	*Petunia hybrida*	茄科	0.2～0.6	阳性，喜温暖干燥，畏寒，忌涝	花大色繁，6～9月、花坛，自然布置、盆栽	全国各地
一二年生花卉	金鱼草	*Antirrhinum majus*	玄参科	0.12～1.2	阳性，较耐寒，宜凉爽，喜肥沃	花色丰富艳丽，花期长，花坛，切花，镶边	全国各地
一二年生花卉	心叶藿香蓟	*Agerathum houstonianum*	菊科	0.15～0.25	阳性，适应性强	花蓝色，夏秋；宜花坛，花径，丛植，地被	全国各地
一二年生花卉	雏菊	*Bellis perennis*	菊科	0.07～0.15	阳性，较耐寒，宜冷凉气候	花白、粉、紫色，4～6月，花坛镶边，盆栽	全国各地
一二年生花卉	金盏菊	*Calendula officinalis*	菊科	0.3～0.6	阳性，较耐寒，宜凉爽	花黄至橙色，4～6月；春花坛，盆栽	全国各地
一二年生花卉	翠菊	*Callistephus chinensis*	菊科	0.2～0.8	阳性，喜肥沃湿润，忌连作和水涝	花色丰富，6～10月；宜各种花卉布置和切花	全国各地
一二年生花卉	矢车菊	*Centaurea cyanus*	菊科	0.2～0.8	阳性，好冷凉，忌炎热，直根性	花色多，5～6月；宜花坛，切花，盆栽	全国各地
一二年生花卉	蛇目菊	*Coreopsis tinctoria*	菊科	0.6～0.8	阳性，耐寒，喜冷凉	花黄、红褐或复色，7～10月；宜花坛，地被	全国各地
一二年生花卉	波斯菊	*Cosmos bipennatus*	菊科	1～2	阳性，耐干燥瘠薄，肥水多易倒伏	花色多，6～10月；宜花群，花篱，地被	全国各地
一二年生花卉	万寿菊	*Tagetes erecta*	菊科	0.2～0.9	阳性，喜温暖，抗早霜，抗逆性强	花黄、橙色，7～9月；宜花坛，篱垣，花丛	全国各地
一二年生花卉	孔雀草	*T. patula*	菊科	0.15～0.4	阳性，喜温暖，抗早霜，耐移植	花黄色带褐斑，7～9月；花坛，镶边，地被	全国各地
一二年生花卉	百日草	*Zinnia elegans*	菊科	0.2～0.9	阳性，喜肥沃，排水好	花大色艳，6～7月；花坛，丛植，切花	全国各地
宿根花卉	瞿麦	*Dianthus superbus*	石竹科	0.3～0.4	阳性，耐寒，喜肥沃，排水好	花浅粉紫色，5～6月，花坛，花境，丛植	华北、华中
宿根花卉	皱叶剪夏罗	*Lychnis chalcedonica*	石竹科	0.6～0.8	阳性，耐寒，喜凉爽湿润	花序半球状，砖红色，6～7月；花境，花坛	华北、华东

（续）

生态型	中名	学名	科名	高度(m)	习性	观赏特性及园林用途	适用地区
宿根花卉	石碱花	*Saponaria officinalis*	石竹科	0.2～1	阳性，不择干湿，地下茎发达	花白、淡红、鲜红色，6～8月；地被	华北
	耧斗菜	*Aquilegia vulgaria*	毛茛科	0.6～0.9	炎夏宜半荫，耐寒，宜湿润排水好	花色丰富，初夏；自然式栽植，花境，花坛	全国各地
	翠雀	*Delphinium grandiflorum*	毛茛科	0.6～0.9	阳性，喜凉爽通风，排水好	花蓝色，6～9月；自然式栽植，花境，花坛	东北、华北、西北
	芍药	*Paconia lactiflora*	芍药科	1～1.4	阳性，耐寒、喜深厚肥沃沙质土	花色丰富，5月；专类园，花境，群植，切花	全国各地
	荷包牡丹	*Dicentra spectabilis*	罂粟科	0.3～0.6	喜侧荫，湿润，耐寒惧热	花粉红或白色，春夏；丛植，花境，疏林地被	全国各地
	费菜	*Sedum kamtschaticum*	景天科	0.2～0.4	阳性，多浆类，耐寒，忌水湿	花橙黄色，6～7月；花境，岩石园，地被	华北、西北
	八宝	*S. spectabile*	景天科	0.3～0.5	阳性，多浆类，耐寒，忌水湿	花淡红色，7～9月；花境，岩石园，地被	华北、华东
	蜀葵	*Althaea rosea*	锦葵科	2～3	阳性，耐寒，宜肥沃排水良好	花色多，6～8月；宜花坛，花境，花带背景	全国各地
	芙蓉葵	*Hibiscus palustris*	锦葵科	1～2	阳性，喜温暖湿润，耐寒，排水好	花色多，6～8月；宜丛植，花境背景	华北、华东
	宿根福禄考	*Phlox paniculata*	花葱科	0.6～1.2	阳性，宜温和气候，喜排水良好	花色多，7～8月；花坛，花境，切花，盆栽	华北、华东、西北
	随意草	*Physostegia virginiana*	唇形科	0.6～1.2	阳性，耐寒，喜疏松肥沃，排水好	花白，粉紫色，7～9月；花坛，花境	华北
	桔梗	*Platycodon grandiflorum*	桔梗科	0.3～1	阳性，喜凉爽湿润，排水良好	花蓝，白色，6～9月；花坛，花境，岩石园	全国各地
	千叶蓍	*Achillea millefolium*	菊科	0.3～0.6	阳性，耐半荫，耐寒，宜排水好	花白色，6～8月；宜花境，群植，切花	东北、西北、华北
	蓍草	*A. sibirica*	菊科	0.5～1.5	阳性，耐半荫，耐寒，宜排水好	花白色，夏秋；宜花境，群植，切花	东北、华北、华东
	木茼蒿	*Argyranthemum frutescens*	菊科	0.8～1	阳性，常绿，喜凉惧热，畏寒	花白色，周年开花；花坛，花篱，切花，盆栽	全国各地
	荷兰菊	*Aster novi－belgii*	菊科	0.5～1.5	阳性，喜湿润肥沃，通风排水良好	花蓝紫，白色，8～9月；花坛，花境，盆栽	全国各地
	大金鸡菊	*Coreopsis lanceolata*	菊科	0.3～0.6	阳性，耐寒，不择土壤，逸为野生	花黄色，6～8月；宜花坛，花境，切花	华北、华东
	菊花	*Dendranthema morifolium*	菊科	0.6～1.5	阳性，多短日性，喜肥沃湿润	花色繁多，10～11月；花坛，花境，盆栽	全国各地
	大天人菊	*Gaillardia aristata*	菊科	0.7～0.9	阳性，要求排水良好	花黄或瓣基褐色，6～10月；花坛，花境	华北、东北、华东
	牛眼菊	*Leucanthemum vulgare*	菊科	0.3～0.6	阳性，耐寒，喜肥沃，排水好	花白色，5～9月；宜花坛，花境，丛植	华北、西北、东北
	黑心菊	*Rudbeckia hybrida*	菊科	0.8～1	阳性，耐干旱，喜肥沃，通风好	花金黄或瓣基暗红色，5～9月；宜花境	东北、华北、华东

（续）

生态型	中 名	学 名	科 名	高度(m)	习 性	观赏特性及园林用途	适用地区
宿根花卉	萱 草	*Hemerocallis fulva*	百合科	0.3～0.8	阳性，耐半荫，耐寒，适应性强	花艳叶秀，6～8月；丛植，花境，疏林地被	我国大部地区
	玉 簪	*Hosta plantaginea*	百合科	0.75	喜阴耐寒，宜湿润，排水好	花白色，芳香，6～8月；林下地被	全国各地
	火炬花	*Kniphofia uvaria*	百合科	0.6～1.2	耐半荫，耐寒，宜排水好	花黄，晕红色，夏花；宜花坛，花境，切花	华北、华东
	阔叶麦冬	*Liriope platyphylla*	百合科	0.3	喜阴湿温暖，常绿性	株丛低矮，宜地被，花坛，花境边缘，盆栽	我国中部及南部
	沿阶草	*Ophiopogon japonicus*	百合科	0.3	喜阴湿温暖，常绿性	株丛低矮，宜地被，花坛，花境边缘，盆栽	我国中部及南部
	德国鸢尾	*Iris germanica*	鸢尾科	0.6～0.9	阳性，耐寒，喜湿润而排水好	花色丰富，5～6月；花坛，花境，切花	全国各地
	鸢 尾	*I. tectorum*	鸢尾科	0.3～0.6	阳性，耐寒，喜湿润而排水好	花蓝紫色，3～5月；花坛，花境，丛植	全国各地
球根花卉	花毛茛	*Ranunculus asiaticus*	毛茛科	0.2～0.4	阳性，喜凉忌热，宜肥沃而排水好	花色丰富，5～6月；宜丛植，切花	华东、华中、西南
	大丽花	*Dahlia pinnata*	菊科	0.3～1.2	阳性，畏寒惧热，宜高燥凉爽	花型、花色丰富，夏秋；宜花坛，花境，切花	全国各地
	卷 丹	*Lilium tigrinum*	百合科	0.5～1.5	阳性，稍耐荫，宜湿润肥沃，忌连作	花橙色，7～8月；丛植，花坛，花境，切花	全国各地
	葡萄风信子	*Muscari botryoides*	百合科	0.1～0.3	耐半荫，喜肥沃湿润，凉爽，排水	株矮，花蓝色，春花；疏林地被，丛植，切花	华北、华东
	郁金香	*Tulipa gesneriana*	百合科	0.2～0.4	阳性，宜凉爽湿润，疏松，肥沃	花大，艳丽多采，春花；宜花境，花坛，切花	全国各地
	鹿 葱	*Lycoris squamigera*	石蒜科	0.6以上	阳性，喜凉爽湿润，疏松，排水好	花粉红色，8月；林下地被，丛植，切花	华东、华北、华中
	喇叭水仙	*Narcissus pseudonarcissus*	石蒜科	0.25～0.4	阳性，喜温暖湿润，肥沃而排水好	花大，白、黄色，4月；花坛，花境，群植	华东、华中、华北
	晚香玉	*Polianthes tuberosa*	石蒜科	1～1.2	阳性，喜温暖湿润，肥沃，忌积水	花白色，芳香，7～9月；切花，夜花园	全国各地
	葱 兰	*Zephyranthes candida*	石蒜科	0.15～0.2	阳性，耐半荫，宜肥沃而排水好	花白色，夏秋；花坛镶边，疏林地被，花径	全国各地
	唐菖蒲	*Gladiolus hybridus*	鸢尾科	1～1.4	阳性，喜通风好，忌闷热湿冷	花色丰富，夏秋；宜切花，花坛，盆栽	全国各地
	西班牙鸢尾	*Iris xiphium*	鸢尾科	0.45～0.6	阳性，稍耐荫，喜凉忌热，宜排水好	花色丰富，春花；花坛，花境，丛植，切花	华东、华北
	美人蕉	*Canna generalis*	美人蕉科	0.8～2	阳性，喜温暖湿润，肥沃而排水好	花色变化丰富，夏秋；花坛，列植，花坛中心	全国各地
水生花卉	荷 花	*Nelumbo nucifera*	睡莲科	1.8～2.5	阳性，耐寒，喜湿暖而多有机质处	花色多，6～9月；宜美化水面，盆栽或切花	全国各地
	萍蓬草	*Nuphar pumilum*	睡莲科	约0.15	阳性，喜生浅水中	花黄色，春夏；宜美化水面和盆栽	东北，华东、华南

（续）

生态型	中名	学名	科名	高度(m)	习性	观赏特性及园林用途	适用地区
水生花卉	白睡莲	*Nymphaea alba*	睡莲科	浮水面	阳性，喜温暖通风之静水，宜肥土	花白或黄、粉色，6～8月；美化水面	全国各地
	睡莲	*N. tetragona*	睡莲科	浮水面	阳性，宜温暖通风之静水，喜肥土	花白色，6～8月；水面点缀，盆栽或切花	全国各地
	千屈菜	*Lythrum salicaria*	千屈菜科	0.8～1.2	阳性，耐寒，通风好，浅水或地植	花玫红色，7～9月；花境，浅滩，沼泽地被	全国各地
	水葱	*Scirpus validus*	莎草科	1～2	阳性，夏宜半荫，喜湿润凉爽通风	株丛挺立；美化水面，岸边，亦可盆栽	全国各地
	凤眼莲	*Eichhirnia crassipes*	雨久花科	0.2～0.3	阳性，宜温暖而富有机质的静水	花叶均美，7～9月；美化水面，盆栽，切花	全国各地
草坪地被植物	二月蓝	*Orychophragmus violaceus*	十字花科	0.1～0.5	宜半荫，耐寒，喜湿润	花淡蓝紫色，春夏；疏林地被，林缘绿化	东北南部至华东
	白车轴草	*Trifolium repens*	豆科	0.3～0.6	耐半荫，耐寒，旱，酸土，喜温湿	花白色，6月；宜地被－5固拣水土	东北、华北至西南
	连钱草	*Glechoma longituba*	唇形科	0.1～0.2	喜阴湿，阳处亦可，耐寒忌涝	花淡蓝至紫色，3～4月；疏林或泥叶地被	全国各地
	匍匐剪股颖	*Agrosrtis stoloniferum*	禾本科	0.3～0.6	稍耐荫，耐寒，湿润肥沃，忌旱碱	绿色期长，宜为潮湿地区或疏林下草坪	华北、华东、华中
	地毯草	*Axonopus compressus*	禾本科	0.15～0.5	阳性，要求温暖湿润，侵占力强	宽叶低矮；宜庭园，运动场，固土护坡草坪	华南
	野牛草	*Buckloe dactyloides*	禾本科	0.05～0.25	阳性，耐寒，耐瘠薄干旱，不耐湿	叶细，色灰绿；为我国北方应用最多的草坪	我国北方广大地区
	狗牙根	*Cynodon dactylon*	禾本科	0.1～0.4	阳性，喜湿耐热，不耐荫，蔓延快	叶绿低矮；宜游憩，运动场草坪	华东以南温暖地区
	草地早熟禾	*Poa pratensis*	禾本科	0.5～0.8	喜光亦耐荫，宜温湿，忌干热，耐寒	绿色期长；宜为潮湿地区草坪	华北、华东、华中
	结缕草	*Zoysia japonica*	禾本科	0.15	阳性，耐热，寒，旱，践踏	叶宽硬；宜游憩，运动场，高尔夫球场草坪	东北、华北、华南
	细叶结缕草	*Z. tenuifolia*	禾本科	0.1～0.15	阳性，耐湿，不耐寒，耐践踏	叶极细，低矮；宜观赏，游憩，固土护坡草坪	长江流域及其以南地区
	羊胡子草	*Carex rigescens*	莎草科	0.05～0.4	稍耐荫，耐寒，旱，瘠薄，耐踏差	叶鲜绿；宜观赏，或人流少的庭园草坪	我国北方广大地区

（二）园林绿地规划设计图例*

建　筑

序　号	名　称	图　例	说　明
3.1.1	规划的建筑物		用粗实线表示
3.1.2	原有的建筑物		用细实线表示
3.1.3	规划扩建的预留地或建筑物	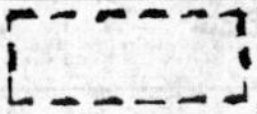	用中虚线表示
3.1.4	拆除的建筑物		用细实线表示
3.1.5	地下建筑物		用粗虚线表示
3.1.6	坡屋顶建筑		包括瓦顶、石片顶、饰面砖顶等
3.1.7	草顶建筑或简易建筑		
3.1.8	温室建筑		

山　石

序　号	名　称	图　例	说　明
3.2.1	自然山石假山		
3.2.2	人工塑石假山		
3.2.3	土石假山		包括“土包石”、“石包土”及土假山
3.2.4	独立景石		

* 摘自中华人民共和国行业标准 CJJ67－95《风景园林图例图示标准》

水 体

序号	名称	图例	说明
3.3.1	自然形水体		
3.3.2	规则形水体		
3.3.3	跌水、瀑布	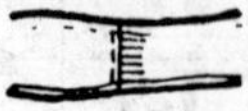	
3.3.4	旱涧		
3.3.5	溪涧		

小 品 设 施

序号	名称	图例	说明
3.4.1	喷泉		仅表示位置,不表示具体形态,以下同 也可依据设计形态表示
3.4.2	雕塑		
3.4.3	花台		
3.4.4	坐凳		
3.4.5	花架		
3.4.6	围墙	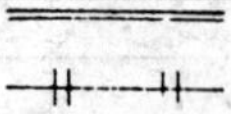	上图为实砌或漏空围墙; 下图为栅栏或篱笆围墙
3.4.7	栏杆	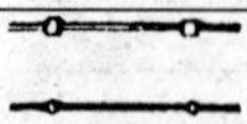	上图为非金属栏杆; 下图为金属栏杆
3.4.8	园灯		
3.4.9	饮水台		
3.4.10	指示牌		

工　程　设　施

序　号	名　称	图　例	说　明
3.5.1	护坡		
3.5.2	挡土墙	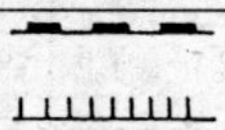	突出的一侧表示被挡土的一方
3.5.3	排水明沟	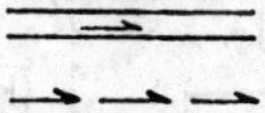	上图用于比例较大的图画； 下图用于比例较小的图画
3.5.4	有盖的排水沟	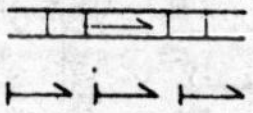	上图用于比例较大的图画； 下图用于比例较小的图画
3.5.5	雨水井		
3.5.6	消火栓井		
3.5.7	喷灌点		
3.5.8	道路		
3.5.9	铺装路面		
3.5.10	台阶		箭头指向表示向上
3.5.11	铺砌场地	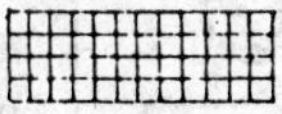	也可依据设计形态表示
3.5.12	车行桥	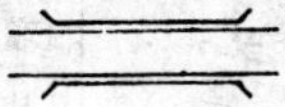	也可依据设计形态表示
3.5.13	人行桥	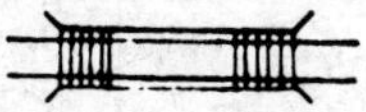	
3.5.14	亭桥	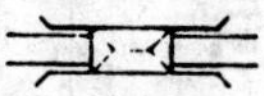	
3.5.15	铁索桥	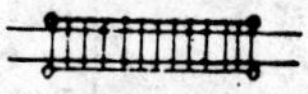	
3.5.16	汀步		

（续）

序　号	名　称	图　例	说　　明
3.5.17	涵洞		
3.5.18	水闸		
3.5.19	码头	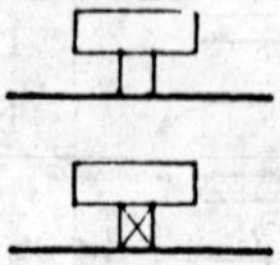	上图为固定码头； 下图为浮动码头
3.5.20	驳岸	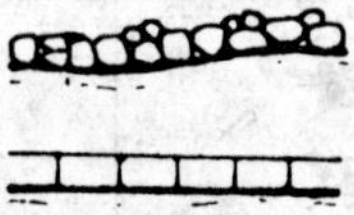	上图为假山石自然式驳岸； 下图为整形砌筑规划式驳岸

植　　物

序　号	名　称	图　例	说　　明
3.6.1	落叶阔叶乔木		3.6.1～3.6.14 中 落叶乔、灌木均不填斜线； 常绿乔、灌木加画 45 度细斜线。 阔叶树的外围线用弧裂形或圆形线； 针叶树的外围线用锯齿形或斜刺形线。 乔木外形成圆形； 灌木外形成不规则形乔木图例中粗线小圆表示现有乔木，细线小十字表示设计乔木。 灌木图例中黑点表示种植位置。 凡大片树林可省略图例中的小圆、小十字及黑点
3.6.2	常绿阔叶乔木	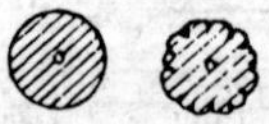	
3.6.3	落叶针叶乔木	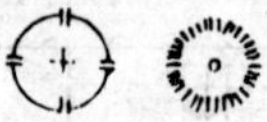	
3.6.4	常绿针叶乔木		
3.6.5	落叶灌木		
3.6.6	常绿灌木		
3.6.7	阔叶乔木疏林		
3.6.8	针叶乔木疏林		常绿林或落叶林根据图面表现的需要加或不加 45 度细斜线

（续）

序　号	名　称	图　例	说　明
3.6.9	阔叶乔木密林		
3.6.10	针叶乔木密林		
3.6.11	落叶灌木疏林		
3.6.12	落叶花灌木疏林		
3.6.13	常绿灌木密林	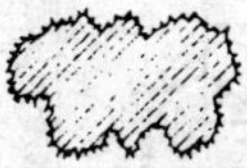	
3.6.14	常绿花灌木密林		
3.6.15	自然形绿篱		
3.6.16	整形绿篱		
3.6.17	镶边植物		
3.6.18	一、二年生草本花卉		
3.6.19	多年生及宿根草本花卉		
3.6.20	一般草皮	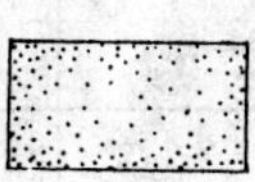	
3.6.21	缀花草皮	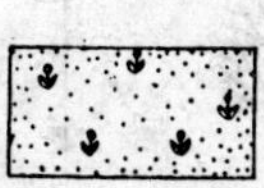	

（续）

序　号	名　称	图　例	说　明
3.6.22	整形树木		
3.6.23	竹丛		
3.6.24	棕榈植物		
3.6.25	仙人掌植物		
3.6.26	藤本植物		
3.6.27	水生植物		

树木形态图示

枝　干　形　态

序　号	名　称	图　例	说　明
4.1.1	主轴干侧分枝形		
4.1.2	主轴干无分枝形		
4.1.3	无主轴干多枝形		

（续）

序 号	名 称	图 例	说 明
4.1.4	无主轴干垂枝形		
4.1.5	无主轴干丛生形		
4.1.6	无主轴干匍匐形		

树 冠 形 态

序 号	名 称	图 例	说 明
4.2.1	圆锥形		树冠轮廓线，凡针叶树用锯齿形；凡阔叶树用弧裂形表示
4.2.2	椭圆形		
4.2.3	圆球形		
4.2.4	垂枝形	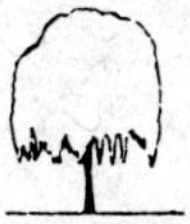	
4.2.5	伞形		
4.2.6	匍匐形		

参考文献

1. (明)计成．园冶注释．北京：中国建筑工业出版社，1988
2. 冯钟平．中国园林建筑．北京：清华大学出版社，1988
3. 侯锦雄，李素馨编译．景观设计元素．台北：淑馨出版社，1974
4. 唐学山等．园林设计．北京：中国林业出版社，1998
5. 王汝诚．园林规划设计．北京：中国建筑工业出版社，1999
6. 毛培琳，李雷．水景设计．北京：中国林业出版社，1993
7. 刘管平．建筑小品实录 2. 北京：中国建筑工业出版社，1987
8. 卢仁，金承藻．园林建筑设计．北京：中国林业出版社，1989
9. 洪得娟．景观建筑．上海：同济大学出版社，1999
10. (日)丰田幸夫．风景建筑小品设计图集．北京：中国建筑工业出版社，1999
11. 吴为廉．景观建筑工程规划与设计．上海：同济大学出版社，1996
12. 黄晓鸾．园林绿地与建筑小品．北京：中国建筑工业出版社，1996
13. 天津市城乡建设管理委员会．天津市仿古建筑及园林工程预算基价．北京：中国建筑工业出版社，2000
14. 天津市建设工程定额管理研究所．建筑工程预算．天津：天津科学技术出版社，2001

后　记

随着园林事业的发展，机关单位越来越注意外部环境建设，特别是园林绿地建设日益受到重视，在很大程度上绿化效果的好坏反映了机关单位的管理水平。

在此书的编写过程中，我们做了大量的调研工作，了解到目前机关单位为了树立良好的形象，正在逐步地改善环境，使绿化上水平，同时又存在着园林绿化知识相对贫乏的问题。为此，我们针对机关单位园林绿地建设的特点编写了此书，希望能为其提供帮助和依据。同时，我们也在此呼吁要加快绿化资金的到位率，以保证机关单位的绿化有计划地实施和改善。

本书的完成，得到了梁永基教授及林业出版社同志们的指导。在此，致以衷心感谢，同时还得到了谷运年、赵辉等同志热情帮助，在编写此书过程中还参考引用了一些专家、作者的文献资料，在此，一并向各位专家、作者、朋友们表示感谢。

由于我们的水平有限，加之时间仓促，在书中难免有失误之处，望各位专家、同行和朋友们及时指正。

蒋桂香

写于 2001 年 8 月